Ralf Worm | Die Wiesenfibel

Schachbrettfalter (*Melanargia galathea*) auf Witwenblume, mit Furchenbiene im Anflug

Ralf Worm

Die Wiesenfibel

Blumen und Gräser nach Farben erkennen

6., verbesserte und erweiterte Auflage

Quelle & Meyer Verlag Wiebelsheim

Die Angaben in diesem Buch sind vom Autor und dem Verlag sorgfältig erwogen und geprüft, dennoch kann keine Garantie übernommen werden. Eine Haftung des Autors bzw. des Verlags und seiner Beauftragten für Personen-, Sach- und Vermögensschäden ist ausgeschlossen.

Bibliografische Information der Deutschen Nationalbibliothek
Die Deutsche Nationalbibliothek verzeichnet diese Publikation in der Deutschen Nationalbibliografie; detaillierte bibliografische Daten sind im Internet über http://dnb.d-nb.de abrufbar.

6., verbesserte und erweiterte Auflage

www.quelle-meyer.de

Layout und Gestaltung: Ralf Worm, Daniel Frei
Umschlagabbildungen: Ralf Worm
Druck und Verarbeitung: Plump Druck + Medien GmbH
Printed in Germany/Imprimé en Allemagne
ISBN 978-3-494-01857-7

Wozu diese Fibel?

Noch nie in der Menschheitsgeschichte nahm die biologische Vielfalt auf der Erde so rasch ab wie heute. Und in Deutschland, wo dieser Rückgang bereits vor über 150 Jahren begann, wussten die Menschen noch nie so wenig über die Natur wie heute. In Baden-Württemberg findet sich selbst nach acht Jahren polit-ökologischer Rücksichtnahme kaum Artenkunde in den Lehrplänen und an den Hochschulen scheiden die letzten Experten altershalber aus. Dabei fanden wir laut Umfragen die Natur noch nie so wichtig wie heute.

„Nur was man kennt, kann man schützen!", dieser alte Satz ist wahrer denn je. Denn nur was man kennt, kann man wertschätzen und nur das, was einen Wert hat, will man erhalten. Lassen Sie uns also gemeinsam erhalten wollen und lassen Sie uns mal bei den Blumen anfangen: Ohne Blumen gäbe es keine Insekten und ohne Insekten, deren Wichtigkeit die Gesellschaft ja erst in jüngster Zeit zu entdecken beginnt, keine Blumen.

Ein paar Zahlen: In Deutschland kommen knapp 50.000 Arten von Tieren vor, 70 % davon sind Insekten. Von den Pflanzen gibt es knapp 10.000 Arten, etwa 30 % davon sind „Höhere" Pflanzen, zu denen auch die in dieser Fibel erwähnten 430 Arten zählen. Dann gibt es noch knapp 15.000 Pilze, von denen ein Drittel eine gut sichtbare Größe erreicht. Und zuletzt dürfen wir noch etwa 2.000 Flechten – eine „artähnliche" Lebensgemeinschaft aus Pilz und Alge – dazu zählen. In toto haben wir es also mit rund 75.000 Arten zu tun.

Es gibt niemanden, der all diese Arten kennt, und trotzdem oder gerade deshalb arbeiten wir alle daran, sie auf immer engerem Raum zusammenzupferchen, um den übrigen Raum nach eigenem Gusto nutzen zu können. Dies führt dazu, dass nicht nur die Zahl der Arten zurückgeht, sondern auch die schiere Menge an „Biomasse", die diese Arten einnehmen.

Es gibt viele Gründe, warum die Menschheit an dieser Entwicklung selbst erheblichen Schaden nimmt – zu viele Gründe, um sie in dieser Fibel aufzuzählen. Aber es gibt einen Grund, warum gerade Sie sich ab jetzt intensiv mit den Pflanzen der Wiesen befassen sollten: Sie zu kennen, wird Ihren Horizont weiten und Ihr Leben bereichern. Wir haben uns auch sehr bemüht, viele interessante Dinge zusammenzutragen, die Ihnen Lust aufs Kennenlernen machen. Und wenn auch Sie Probleme damit haben, sich das, was Sie hier über die Pflanzen erfahren, zu merken, so denken Sie bitte kurz an Ihre letzte Mathearbeit in der Schule: War Ihre Note gut, so hatten Sie sich vermutlich zuvor intensiv mit dem Stoff befasst, ihn also gelernt. Lernen Sie nun über die Pflanzen der Wiese. Viel Spaß!

Aalen im März 2019

Ralf Worm

Gewidmet Anni und Franzi, auch in Stellvertretung für ihre Generation.

Vorwort zur sechsten Auflage, April 2021

Die Wiesenfibel, einst als kleine Blumenkunde für Landwirte erdacht, hat sich im Kreise der Naturfreunde in erstaunlichem Tempo etabliert und zwei Jahre nach dem Ersterscheinen halten Sie hiermit die sechste Auflage in Ihren Händen. Wieder habe ich die Gelegenheit genutzt, das Büchlein zu erweitern und zu verbessern.

In 28 neuen Pflanzensteckbriefen werden zahlreiche neue Arten vorgestellt. Insbesondere die Arten der in den Mittelgebirgen beheimateten Bergwiesen sind weitgehend vollständig ergänzt und abgebildet, hierunter neben verbreiteteren Arten auch rare Attraktionen wie die Weiße Narzisse. Auch finden die gelegentlich in Bergwiesen vorkommenden Arten der Borstgrasrasen Berücksichtigung (z. B. Arnika, Pillen-Segge) und diejenigen Arten der Alpen, die noch in einigen Mittelgebirgshochlagen zu finden sind (z. B. Gold-Pippau).

Da die Fibel aber besonders denjenigen gefallen will, die die Wiesennatur vor der Haustüre erkunden, wurden auch hier kleinere Lücken geschlossen, zum Beispiel mit kommunen Weidezeigern wie dem Vogelknöterich oder mit teiletablierten ursprünglichen Gartenpflanzen wie dem Winterling. Weitere als Störzeiger häufiger in Wiesen eingestreute Arten (z. B. diverse Taubnesseln) wurden bei den Pflanzen des Wegesrands ergänzt. Und nicht zuletzt finden sich bei den schon bisher vorgestellten Arten auch viele verbesserte Fotos.

Mit „nur" sechzehn neuen Seiten ist die Fibel trotzdem nach wie vor das kompakte, informative und kurzweilige Taschenbüchlein geblieben, welches sich einfach und so auch gerne mit auf Tour nehmen lässt.

Der Kampf um die Erhaltung der Blumenwiesen ist nach wie vor ein Wettlauf gegen die Zeit. Während im flachen Norden, nach geschlagener und weitgehend verlorener Schlacht, auf niedrigem Niveau zum Teil ökologische Verbesserungsaktivitäten stattfinden, grassiert in den verbliebenen Blumenwiesen des buckligen Südens die Graseinsaat. Diese – dem Norden mit dreißig Jahren Verspätung nachgeahmt – verdrängt selbst Löwenzahn und Wiesen-Schaumkraut (im Allgäu bei sieben oder acht Schnitten pro Jahr sogar den Klee). Der staatliche Naturschutz begegnet diesem Vorgehen mit einer Stringenz und Geschwindigkeit, die den Vergleich mit dem deutschen Coronamanagement nicht zu scheuen braucht, und so ist der geltende Schutz der Blumenwiesen sehr oft nur graue Theorie.

Ein klein wenig hoffnungsvoller gestaltet sich der Schutz der Insektenwelt des Offenlandes. Exemplarisch in der Heimat des Verfassers, wurde jene innerhalb nur eines guten Jahrzehnts fast zum Erlöschen gebracht. Nach dem seit 2019 geltenden EU-weiten Verbot einiger der Neonicotinoid-Nervengifte lässt sich nun 2020 zaghaft und 2021 deutlich eine Zunahme bei häufigen Fluginsekten beobachten. Ob allerdings die Wissenschaft jemals genügend Zusammenhänge beweisen wird, um im Lande der Zweifler und Zauderer der Einsicht zum Durchbruch zu verhelfen, dass zwischen der gezielten Massentötung von Insekten durch Nervengifte und dem Verschwinden der Insekten ein Zusammenhang bestehen könnte, sei dahingestellt. Nachgefragt, scheint es ja kaum Insektengiftverwender gegeben zu haben!?? Ergo wird auch der Grund für das massenhafte Sterben als unklar angesehen, oder gar das Massensterben selbst.

Der wohl größte Trend unserer Zeit ist das Ersetzen von Fakten durch Internetmeinungen, das Ersetzen von Augenfälligem durch Mögliches oder gar Esoterisches. Die Wiesenfibel ist hier altmodisch, denn sie ist nicht nur nach wie vor auf Papier gedruckt, sondern will auch nur Fakten vermitteln, mehr nicht. Tauchen Sie also ein in die wundervolle Welt des Faktischen – und werden Sie Wiesenkenner und Wiesenschützer!

Inhaltsverzeichnis

Einleitung

Porträtteil

Anhang

1. Die Gliederung des Grünlands

In Mitteleuropa sind sowohl die durch Mähen charakterisierten **Wiesen** als auch die von Nutztieren befressenen **Weiden** nicht natürlichen Ursprungs, sondern wurden über viele Jahrhunderte zum Zwecke der Nahrungsmittelproduktion dem germanischen Buchen- oder Eichenurwald abgetrotzt. Zusammen mit den Äckern und den heutigen Nutzwäldern bilden sie unsere **Kulturlandschaft**.

Im Laufe der Zeit kann auf ein und derselben Fläche nacheinander Mäh-, Weide- und Ackernutzung stattgefunden haben. Wir wollen uns hier nur mit dem Grünland befassen, und den Schwerpunkt auf die Wiesen legen. Wir gliedern das Grünland nach der Wasserversorgung, den lokalklimatischen und den Bodenverhältnissen sowie der Nutzungsintensität. Im Groben unterscheiden wir überwiegend ungedüngte, eher schwachwüchsige **Magerrasen** und **Nasswiesen** und gedüngte, wüchsige **Fettwiesen** (und Fettweiden). Eine genauere Gliederung in Abhängigkeit von Wasser- und Düngerversorgung und damit einhergehender Nutzungsintensität zeigt die untige Abbildung.

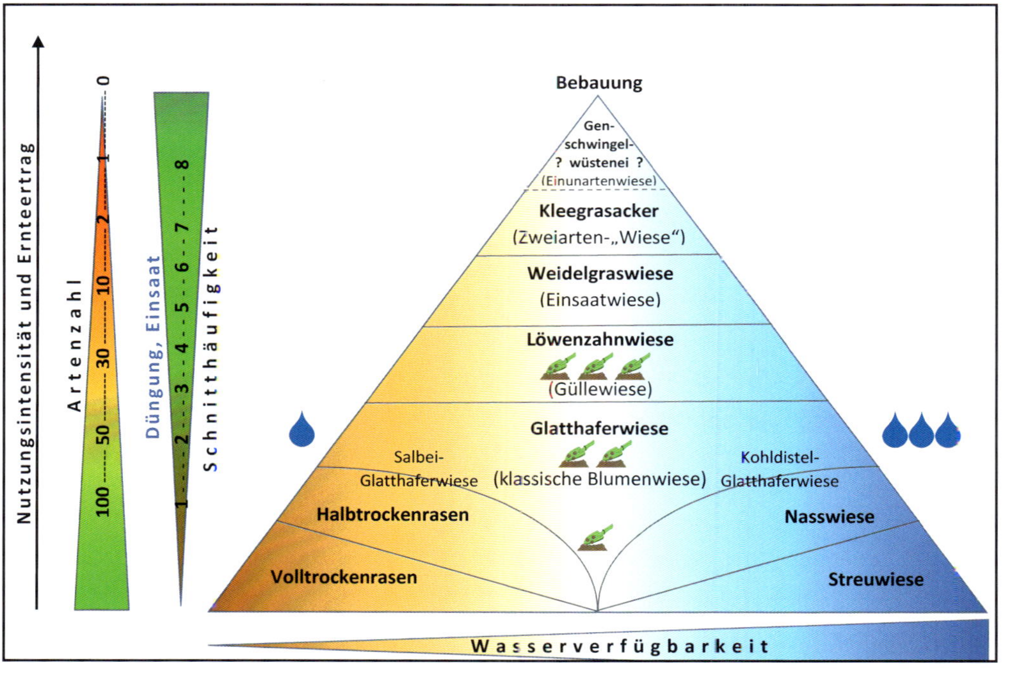

Das vereinfachte Schema zeigt auf, dass die Zahl der Pflanzenarten in einer Wiese (oder Weide) mit Zunahme der Nutzungsintensität abnimmt. Der Hauptgrund: Alle Pflanzen kämpfen gegeneinander ums Licht. Diesen Kampf gewinnen bei hohem Nährstoffangebot diejenigen Arten, die am raschesten wachsen und sich bei häufiger Nutzung rasch oder ohne Samen vermehren. Die anderen Arten verschwinden allmählich. Grünland ist damit umso arten- und strukturreicher, je moderater es gedüngt wird. Hauptthema dieser Fibel ist die mäßig und meist mit Festmist gedüngte **Glatthaferwiese, die klassische Blumenwiese**. Sie entstand durch i. d. R. zweimalige Mahd pro Jahr (Heu und Öhmd/Grummet). Sie wurde/wird z.T. im zeitigen Frühjahr vorbeweidet oder im Herbst nachbeweidet.

2. Die Struktur der Wiesen

Die **Glatthaferwiese** besitzt i.d.R. **vier Blühhorizonte** und neben dem allfälligen Grün die vier Blühfarben Gelb, Weiß, Rot und Blau in diversen Schattierungen.

Blühhorizonte der Blumenwiese	typische Kräuter	typische Gräser
0) Bodenhorizont knöchelhoch (0 cm bis ca. 10 cm)	Pfennigkraut Faden-Ehrenpreis	Keine (Moose)
1) Unterer Blühhorizont stiefelhoch (ca. 10 cm bis 30 cm)	Ehrenpreisarten gelbe Kleearten	Ruchgras Straußgras
2) Mittlerer Blühhorizont kniehoch (ca. 30 cm bis 60 cm)	Wiesen-Margerite, Wiesen-Flockenblume	Rot-Schwingel Honiggras
3) Oberer Blühhorizont hüfthoch (ca. 60 cm bis 100 cm)	Wiesen-Pippau Sauerampfer	Glatthafer Fuchsschwanz

Die **Löwenzahnwiese** entsteht i.d.R. bei verstärkter Düngung mit Gülle. Diese wirkt auf dem Boden deckend und ätzend, was kleine Kräuter und schwache Gräser zusätzlich zurückdrängt und die Grasnarbe lückig macht. Die Zahl der Blühhorizonte reduziert sich auf etwa zwei und die Zahl der Blühfarben im ersten Aufwuchs geht zurück. Für den nächsten Intensivierungsschritt spielt insbesondere die Einsaat von Hochleistungsgräsern, ggf. auch von Klee, eine Rolle. Die entstehende **Weidelgraswiese** kann in Reinkultur nur noch einen Horizont aufweisen, der frei von eigentlichen Blühfarben ist und entspricht dann dem Grasacker.

Der Übergang zwischen den Wiesentypen ist fließend. Den Bereich zwischen Glatthaferwiese und Magerrasen bezeichnen wir hier als **Magerwiese**. Der früher für alle gedüngten Wiesen verwendete Begriff „Fettwiese“ wurde durch die heutige Düngerealität längst überholt und wir verwenden ihn daher im Weiteren nicht mehr.

Reich strukturierte Grasnarbe einer Glatthaferwiese (links) mit vielen Arten und arm strukturierte Grasnarbe einer Weidelgraswiese (rechts) mit ca. einer Art. (Iggingen 10.04.2017)

3. Wiesen und Weiden im Bild

Glatthaferwiese mit den vier Blühfarben. Die genaue Betrachtung (Storchschnabel im 1. Aufwuchs trotz hohen Blütenreichtums) zeigt beginnende Unternutzung an (Spätschnitt/Verbrachung). **Achtung: Für alle Blumenwiesen gilt das Verschlechterungsverbot!** (Utzmemmingen 20.06.2002)

Salbei-Glatthaferwiese = Magerwiese auf trockenen Kalkböden, Mitte Mai. Sichtbar sind die Blühhorizonte 1 (Hopfen-Luzerne), 2 (Bocksbart, Margerite, Salbei) und 3 (Gräser). (Bargau 17.05.2017)

Löwenzahnwiese zu Beginn der Blühperiode. Allein der Gewöhnliche Löwenzahn ist aspektbestimmend. Für etliche häufige Insekten ist ein solcher Bestand noch als Pollen- und Nektarquelle geeignet. Die Löwenzahnwiese war in den 80er-Jahren für Viele der Inbegriff für den Rückgang der Vielfalt in der Landschaft. Heute geht sie bei weiterer Vielfaltsreduktion selbst stark zurück.
(Pottenstein 02.05.2015)

Löwenzahnwiese Mitte Mai. Scharfer Hahnenfuß (gelb) und Wiesen-Kerbel (weiß) haben die Oberhand gewonnen und bilden den oberen Horizont. Früher wurden diese, durch starke Gülledüngung geförderten, schlechten Futterpflanzen mit Aufwand bekämpft. Mittlerweile erfolgt stattdessen die bis zu dreimal jährliche Einsaat von Hochleistungsgräsern, und die Löwenzahnwiese macht der Weidelgraswiese Platz.
(Essingen 13.05.2002)

Weidelgraswiese Anfang Mai (im Hintergrund blühende Löwenzahnwiese). Der Bestand ist sehr kräuterarm und auch für häufige Insekten fast nicht nutzbar. In jüngster Zeit werden in derlei Bestände dank zunehmender Sommertrockenheit verstärkt Gräser mit höherer Trockenresistenz eingesät. Wegen glänzender Blattunterseiten glänzen Weidelgraswiesen in der Sonne. Rechts: In Wildschweinwühlstellen eingesätes Weidelgras (dunkelgrün).
(Heubach Mai 2020)

Wiesen und Weiden im Bild

Kohldistel-Glatthaferwiese 💧💧 (💧) (= Fuchsschwanzwiese = Feuchtwiese) mit dem Großen Wiesenknopf (dunkel) und dem Wiesen-Knöterich (rosa) als Aspektbildner. Solche Wiesen auf tonigen Böden prägten bis ca. zum Jahr 2000 in vielen Teilen Süddeutschlands die Landschaft. Auf Grund von umfangreichen Trockenlegungsmaßnahmen (Drainage) sind sie sehr selten geworden.
(Tannhausen 12.06.2006)

Nasswiese 💧💧💧 mit einem Aspekt des Breitblättrigen Knabenkrauts (purpurn). Nasswiesen erkennt man u. a. am kräftigen Grün und an den relativ breiten Blättern einiger Sauergräser (z.B. Wald-Simse, Sumpf-Segge), die hier z.T. häufiger sind als die Süßgräser. Bei Nutzungsaufgabe entstehen z.B. Seggenriede, bei Trockenlegung Glatthaferwiesen. Wegen fortschreitender Trockenlegung werden Nasswiesen immer seltener.
(Rottal bei Abtsgmünd 23.05.2007)

Streuwiese 💧💧💧(~) mit Teufelsabbiss (violett) und Pfeifengras. In Süddeutschland verbreitet, dien(t)en Streuwiesen der Gewinnung von Einstreu in den Viehstall. Sie werden traditionell einmal im Frühherbst gemäht. Wie auch die Hochwasser ertragenden sog. Brenndoldenwiesen (= Nasswiesen der Stromtäler) sind Streuwiesen heute sehr selten und beherbergen z.T. äußerst seltene Pflanzenarten.
(Streuwiese Rötenbach bei Bartholomä 14.09.2019)

Bergwiese = Goldhaferwiese im April. Bergwiesen finden sich meist in Höhen über ca. 600 m ü. N.N. Sie sind u. a. dadurch zu erkennen, dass Waldpflanzen wie das Busch-Windröschen – auf der Wiese vorkommen. Dank kürzerer Vegetationsperiode und Nährstoffarmut wurden sie z.T. nur einmal gemäht (sog. Mähder). Mittlerweile ist ein Großteil der Bergwiesen durch Düngung und Frühschnitt verschwunden.
(Seebach, Schwarzwald 22.04.2019)

Kalkmagerrasen = Kalkhalbtrockenrasen im Frühlingsaspekt mit Zypressen-Wolfsmilch. In der Bildmitte ist ein Kalkfels zu sehen. Erkennbar ist dieser meist mit Schafen beweidete Lebensraum am blassen Grün der Pflanzen und an einer eher lückigen Grasnarbe (wegen Verbiss, Nährstoffarmut, Trockenheit). Da nicht von Schafen gefressen, finden sich häufig Wacholderbüsche und wir sprechen dann von einer **Wacholderheide.**
(Schelklingen 21.05.2006)

Borstgrasrasen = Saurer Magerrasen mit Aspekt des Heidekrauts (= „Erika“). Dieser oft sehr kurzrasige, meist beweidete (hier aber gemähte) Lebensraum findet sich auf kalkarmem, saurem und häufig eher feuchtem Boden. Hier kann unter anderem die seltene Arnika vorkommen.
(Weiherwiesen bei Essingen 08.08.2019)

Wiesen und Weiden im Bild

Glatthaferwiese im zweiten Aufwuchs. Der erste Aufwuchs wurde etwa Mitte Juni abgeerntet (Heuernte). Im zweiten Aufwuchs entwickeln die Obergräser keine Blütenstände mehr, und so treten die Kräuter deutlich hervor. Dominant sind hier als typische spät blühende Arten („2“) die Wiesen-Flockenblume (purpurrot) und die Gewöhnliche Schafgarbe (weiß).
(Heuchlingen-Holzleuten 15.08.2019)

Streuobstwiese zur Zeit der Apfelblüte. Der Name stammt von den in der Wiese verstreut stehenden Obstbäumen. Die Bäume dienten der – heutzutage meist nicht mehr kostendeckenden – Obst- und Mostproduktion. Insbesondere alte Bäume sind für die Insekten- und Vogelwelt bedeutsam. Bei der maschinellen Mahd stören die Bäume hingegen und werden oft gefällt und die Wiese selbst wird intensiviert.
(bei Aalen-Rodamsdörfle 12.05.2006)

Nasswiesenbrache = nicht mehr gemähte Nasswiese. Wegen fehlender Mahd haben sich die konkurrenzstarken Arten Echtes Mädesüß (grüne Büschel) und Wiesen-Knöterich (rosa blühend) auf Kosten der übrigen Pflanzenarten ausgebreitet. Wiesenbrachen werden so im Laufe der Zeit artenärmer. Aus Nasswiesen entstehen so Hochstaudenfluren ← oder Seggenriede.
(Spraitbach-Heiligenbruck 02.06.2006)

Hexenring auf einer ungedüngten Glatthaferwiese. Es handelt sich um ein unterirdisch wachsendes Pilzgeflecht (sog. Myzel), welches jährlich größer wird und mehrere Jahrhunderte alt werden kann. Hieraus wachsen Pilzfruchtkörper (hier Wiesen-Champignon *Agaricus campestris*). Hexenringe zeigen extensive Wiesennutzung ohne Bodenbearbeitung an und sind daher heute selten.
(Goldberg 23.06.16 & Täferrot 15.08.2019)

Typisch für **Weiden** sind Trittstellen ⚡, ungern gefressene sog. Weideunkräuter (z.B. Brennnesseln, Disteln, Brombeeren, Ampfer, Binsen, auf Magerrasen Enziane, Wacholder), Geilstellen (wegen Tierkot unbefressene Stellen) und Ameisenhügel (s.u.). Im Wirtschaftsgrünland ist **Rinderbeweidung** am häufigsten, auf Magerrasen **Schafbeweidung**.
(Heckrinder bei Ellwangen 28.07.2009, Merinoschafe bei Leinzell 15.08.2019)

Ameisenhügel sind typisch für Flächen, auf denen keine Maschinenbefahrung stattfindet. Daher findet man sie heute nur noch auf nicht nachgepflegten Weiden oder auf Brachen. Häufigster Baumeister ist die rein unterirdisch lebende Gelbe Wiesenameise (*Lasius flavus*). Auf den Hügeln finden sich konkurrenzschwache Pflanzen wie Moose oder der Gewöhnliche Thymian (Bildmitte rechts).
(Dellenhäule bei Aalen-Beuren 20.03.2015)

4. Weitere Offenlandlebensräume

Ein **Stufenrain** trennt die Wiese links von der tiefer liegenden Wiese rechts. Im Vordergrund wächst das Echte Labkraut (gelb). Früher wurden Raine beweidet oder gemäht, heute sind sie häufig ungenutzt und wachsen dann langsam mit Gehölzen zu. So entstanden in Süddeutschland viele unserer heutigen **Feldhecken**. Die norddeutschen Wallhecken (Knicks) wurden hingegen zu Abgrenzungs- und Schutzzwecken gezielt angelegt.
(Goldberg bei Riesbürg 16.07.2019)

Saum entlang eines Weges, mit Mittlerem Klee (rotviolett) und Gewöhnlichem Hornklee (gelb). Am rechten oberen Bildrand beginnt der Wald. Säume bilden den Übergang zwischen Wald und Offenland und bestehen aus krautigen, d. h. nicht verholzten Pflanzen. Findet kein gelegentliches Mähen oder Mulchen statt, so werden Säume im Laufe der Zeit von Gehölzen erobert. Grashalme an Säumen sind übrigens **der** Lieblingsort von Zecken (rechts).
(Essingen 19.07.2019)

Bachbegleitende **Hochstaudenflur** mit (v.l.): Echtem Mädesüß (weiß), Ross-Minze (hellgrau) und Sumpf-Ziest (purpurn). Derlei Stauden, d. h. mehrjährige, nicht verholzende Pflanzen, wachsen auf feuchten bis nassen, nicht jährlich gemähten Flächen. Wegen ihrer späten Blüte sind sie wertvoll für Insekten und sollten immer nur abschnittsweise gemäht werden.
(Essingen 19.07.2019)

5. Welt der Wiesen – Welt der Wunder

Gehen Sie an einer Wiese nicht einfach vorbei. Schauen Sie genau hin! Die folgenden drei Beobachtungen wurden innerhalb von 15 Minuten auf einem Wiesenstück von wenigen Quadratmetern Größe gemacht und ohne Manipulation fotografiert:

← Die gelbe Blüte des genügsamen Knolligen Hahnenfußes erzählt uns, dass auf dieser Wiese nur sehr wenig gedüngt wird, denn sonst würde er unter anderem von seinem „gefräßigeren“ Kollegen, dem Scharfen Hahnenfuß, verdrängt.

Unter der Hahnenfußblüte scheint ein „Samen“ (genau genommen die Frucht) des Gewöhnlichen Löwenzahns in der Luft zu hängen. Bei genauerer Betrachtung erkennen wir, dass er mit seinem Schirmchen an einer kleinen Pflanze festhaftet ↙, die dem Gewöhnlichen Hornkraut ähnelt, zu sehen auch an der hornförmigen Frucht. Die Pflanze ist ein Knäuel-Hornkraut und wächst hier nur, weil die Wiese nach dem ersten Schnitt mit Mutterkühen beweidet wird. Diese stampfen genügend Lücken in die Grasnarbe, so dass die kleine Pflanze hier wachsen kann.

Das Knäuel-Hornkraut hat eine Besonderheit, nämlich kleine Drüsenköpfchen ↗ am Ende seiner Härchen, die es klebrig machen. Deshalb haftet der Löwenzahnsamen an dem Pflänzchen. Im Blütenstand des Hornkrauts erkennen wir sogar, wie der „Drüsenkleber“ Fäden zieht. Nur weil wegen Mutterkuhbeweidung kleine klebrige Pflänzchen wachsen, können hier also Löwenzahnsamen scheinbar schweben.

Die Geschichte ist damit noch nicht zu Ende: Wenn wir genau schauen, erkennen wir, dass der Löwenzahnsamen ein Loch→ besitzt und innen hohl ist. Er wurde leergefressen. Welches kleine Tierchen mag sich hier den Bauch vollgeschlagen haben ...?

Welt der Wiesen – Welt der Wunder

← Die kleinen silbrig weißen Gebilde auf dem Foto entpuppen sich bei näherer Betrachtung als die (falschen) Scheidewände der Schötchenfrüchte des Frühlings-Hungerblümchens. Dieses verdankt sein reichliches Vorkommen auf der Wiese auch den oben genannten Mutterkuh-„Fußstapfen". Drei Wochen zuvor ↑ hat diese Art sogar größere Flächen in Weiß getüncht.

Schauen wir genauer, so finden wir auf manchen der weißen „Pergamentplättchen" kleine braune Kügelchen ↙. Es sind die Samen des Hungerblümchens, die sich nun, nachdem die Fruchthülle abgefallen ist, verbreiten werden. Noch sind sie festgewachsen. Das erkennen wir an den hauchzarten Fädchen ↗ am Rande der offenen Früchte. Doch seltsam, die Samen scheinen kleine Schatten ↗ auf die Scheidewand zu werfen, die aber gar nicht ihren eigenen Umriss abbilden. Wenn wir die offene Frucht nicht mehr im Gegenlicht betrachten, so erkennen wir durch die Scheidewand hindurch, dass auch auf ihrer anderen Seite Samen liegen→. Deren Schatten werden auf die Scheidewand geworfen und sind wegen der Transparenz der Scheidewand auch auf der sonnenabgewandten Seite zu erkennen. Sie unterlagern sich so den Samen auf dieser Seite und so tragen diese Samen fremde Schatten mit sich ...

← Wir sehen die flach an den Boden gedrückte Blattrosette eines Gewöhnlichen Ferkelkrauts. In der Mitte wächst gerade der Stängel empor, an dem bereits eine Blütenknospe zu erkennen ist.

Das Ferkelkraut kommt hier nicht selten vor und erzählt uns so, dass die Wiese bereits im Mai gemäht wird. Damit bekommt das Ferkelkraut nämlich einen Wachstumsvorteil, weil seine flachliegenden Blätter im Gegensatz zu denen seiner Wuchskonkurrenten nicht abgemäht werden. So kann die Pflanze den entstandenen Lichtraum nutzen und gleich weiter Photosynthese betreiben und blühen.

Das Ferkelkraut hat aber bei genauerer Betrachtung noch weitere Geheimnisse zu offenbaren. Seine Blätter ← sind nämlich mit dicken, rauen, teils mit gegabelten Enden versehenen Haaren bewachsen, welche sie noch rauer machen, als die ebenfalls behaarten Blätter des Rauen Löwenzahns.

Zwischen den Haaren erkennen wir drei, je etwa einen halben Millimeter große gelbe Punkte ←, die bei noch genauerer Betrachtung jeweils zwei schwarze Punkte tragen ↑. Das Bild kann nun nicht zeigen, dass sich die gelben Punkte zum Zeitpunkt der Aufnahme bewegt haben. Es sind nämlich drei Vertreter des goldgelben Springschwanzes *Sminthurinus aureus*, der hier dem Nahrungserwerb nachgeht. Unter dem Mikroskop könnten wir jetzt noch sehen, dass die Springschwänze unter ihrem Hinterleib eine sogenannte Sprunggabel besitzen, die es ihnen ermöglicht, im Vergleich zu ihrer winzigen Größe wahrhaft riesige Sprünge zu machen ...

6. Beispiele aus der Vielfalt der Insektenwelt der Wiesen, Raine und Säume

Sandbiene (*Andrena* spec.) schlafend in Wiesen-Glockenblume

Hier wird eine zufällige Auswahl aus den sehr vielen Insekten vorgestellt, die in Blumenwiesen anzutreffen sind. Wir starten mit den Bienen, denn die Evolution der Blumen und der Bienen als Blumenbestäuber erfolgte in gegenseitiger Wechselbeziehung, beginnend vor etwa 140 Millionen Jahren. In Deutschland kommen heute etwa 550 Bienenarten und etwa 3.000 Blütenpflanzenarten vor. Viele der Bienen sind oligolektisch, d. h. sie beziehen ihre Nahrung nur von wenigen Pflanzenarten. Artenvielfalt bei den Bienen benötigt also Artenvielfalt bei den Blumen und umgekehrt.

Übrigens haben wir noch einige weitere Insektenfotos im Hauptteil dieser Fibel versteckt.

Gewöhnliche Wespenbiene (*Nomada fucata*)

Witwenblumen-Sandbiene (*Andrena hattorfiana*)

Feldwespe mit Nest (*Polistes* spec.)

Helle Erdhummel (*Bombus lucorum*)

Mai-Langhornbiene (*Eucera nigrescens*)

SchwarzeWegameise (*Lasius niger*)

Pflanzenwespenlarve (Unterordnung *Symphyta*)

Rotklee-Bläuling (*Cyaniris semiargus*)

Kl. Wiesenvögelchen (*Coenonympha pamphilus*)

Klee-Gitterspanner (*Chiasmia clathrata*)

Halmwespe (Familie *Cephidae*)

Gew. Skorpionsfliege (*Panorpa communis*)

Wegerich-Scheckenfalter (*Melitaea cinxia*)

Kaminfegerle = Schwarzspanner (*Odezia atrata*)

Brombeerspinnerraupe (*Macrothylacia rubi*)

Beispiele aus der Vielfalt der Insektenwelt der Wiesen, Raine und Säume

Braune Tageule (*Euclidia glyphica*)

Federgeistchen (Familie Pterophoridae)

Feldgrille (*Gryllus campestris*)

Roesels Beißschrecke (*Metrioptera roeselii*)

Weißer Graszünsler (*Crambus perlella*)

Olivbrauner Zünsler (*Pyrausta despicata*)

Skabiosen-Langhornmotte (*Nemophora metallica*)

Rote Keulenschrecke (*Gomphocerippus rufus*)

Gemeine Blutzikade (*Cercopis vulnerata*)

Mistbiene (*Eristalis tenax*)

Kohlschnake (*Tipula oleracea*)

Trauer-Rosenkäfer (*Oxythyrea funesta*)

Gemeiner Ohrwurm (*Forficula auricularia*)

Zweibinden-Wespenschwebfliege (*Chrysotoxum bicinctum*)

Schwarze Habichtsfliege (*Dioctria atricapilla*)

Seidiger Fallkäfer (*Cryptocephalus sericeus*)

Zweifleckiger Zipfelkäfer (*Malachius bipustulatus*)

Beispiele aus der Vielfalt der Insektenwelt der Wiesen, Raine und Säume

Mausgrauer Schnellkäfer (*Adelocera murina*)

Bienenkäfer (*Trichodes apiarius*)

Ampfer-Blattkäfer (*Gastrophysa viridula*)

Soldatenkäfer (*Cantharis fusca*)

7. Wann sind Wiesen artenreich?

Wiesen sind dann besonders artenreich, wenn sie neben einer extensiven Nutzung mit geringer Düngung und angepasster Schnitthäufigkeit (siehe Seite 8) eine möglichst große Standort- und Strukturvielfalt besitzen, zum Beispiel durch:

- Hänge mit unterschiedlicher Orientierung zur Sonne (Südwestorientierung besonders warm, Nordorientierung besonders kalt),
- Wechsel der Bodenbeschaffenheit (Kalk-, Lehm-/Ton- und Sandböden) und damit verbunden auch des Säuregrads und des Feuchteverhaltens,
- Wechsel von Buckeln (eher trocken) und Senken (eher feucht),
- Ameisenhügel (dort wachsen kleine, konkurrenzschwache Pflanzen) und kleinere Offenbodenstellen (dort können Samen keimen),
- Strukturelemente wie Raine, Bäche, Gräben, Einzelbäume und -sträucher usw.,
- gelegentliche Weidegänge, z.B. mit Rindern oder Schafen,
- geringe Entfernung von vielfältigen Flächen untereinander.

Zur Ermöglichung einer rationellen Landbewirtschaftung werden durch Zusammenlegung große sog. Schläge gebildet (= einheitlich bewirtschaftbare Flächen), die möglichst eben sind (durch Auffüllung von Mulden und Abschieben von Buckeln) und durch Drainschläuche oder Wege drainiert (= trockengelegt) sind. Hierdurch nimmt die Zahl der vorkommenden Pflanzenarten und, direkt oder als Folge des Pflanzenartenrückgangs, die Vielfalt der vorkommenden Tierarten ab. Was kaum bekannt ist: Die gelben Kunststoff-Drainschläuche oder Tonrohre durchziehen in weiten Teilen des Offenlandes den Untergrund als dichtes Netz (in meist 80 cm Tiefe, mit Schlauchabstand von rund 8 m). Sie reduzieren damit erheblich die Grundwasserneubildung.

8. Wege zur Artenverarmung

Das Wiesen-Schaumkraut markiert die **Löwenzahnwiese** im Vordergrund. Hinter der roten Linie beginnt die **Weidelgraswiese**, in der das Wiesen-Schaumkraut fast fehlt. Dahinter liegt vegetationsfreie **bebaute Fläche**. Durch regelmäßige **Weidelgraseinsaat** verschwinden die artenreichen Wiesen in hohem Tempo. So wird das in Baden-Württemberg geltende Umbruchverbot de facto umgangen. (Iggingen 10.04.2017)

Intensiv gedüngte Wiese. Hierdurch wird üppigeres Pflanzenwachstum, und so häufigere Mahd mit höherem und energiereicherem Gesamtertrag möglich, allerdings unter Reduktion der Artenvielfalt. Zudem wirken Gülle oder Gärreste aus Biogasanlagen ätzend und grasnarbenschädigend, was auch futterschädliche Pflanzen wie Ampfer oder Wiesen-Kerbel fördert. Diese werden in jüngerer Zeit u. a. durch regelmäßige Graseinsaat bekämpft. (Unterschneidheim 25.10.2019)

Trotz ihrer Unterschutzstellung in Baden-Württemberg im Jahr 1992 wurde bis ca. 2015 etwa die Hälfte aller Nasswiesen u. a. durch Trockenlegung mit Drainschläuchen beseitigt. Für **Feuchtwiesen** wurde um das Jahr 2000 ein Drainageverbot in Flurbereinigungen eingeführt. Seither erfolgt **Trockenlegung oft durch Wegebaumaßnahmen** und als Begleitschaden im Zuge von Leitungsbau. (Neuler 24.09.2005)

9. Wiesenhistorie

Die **Naturlandschaft** im heutigen Süddeutschland bestand überwiegend aus **Buchenurwald**. Hier hat erst der Mensch durch Rodung und Waldbeweidung größere waldfreie Flächen geschaffen, die als Acker, Weide oder später auch als Wiese genutzt wurden. Übrigens enthält ein Buchenurwald dreimal soviel Holz wie die heutigen Wirtschaftswälder in Deutschland.
(Keweliw-Urwald in den Ukrainischen Karpaten 04.07.2006)

Heuernte mit der Sense ist in Deutschland schon lange Geschichte. In ärmeren Ländern wie der Ukraine findet in Ermangelung von Traktoren auch heute (bzw. 2006) noch die Mahd fast ausschließlich mit der Sense statt. Unter diesen Bedingungen entstand die Vielfalt der Pflanzen- und der Tierwelt der Wiesen. U. a. werden auch Amphibien durch diese Form der Mahd geschont.
(Jasinja, Ukrainische Karpaten 04.07.2006)

Mit **moderner Mähtechnik** ist eine sehr effiziente Wiesenbeerntung möglich. Der Mäh-Weltrekord liegt bei ca. 3,5 Minuten pro Hektar. Ein Mensch mit Sense benötigt hierfür etwa die 150-fache Zeit! Hohe Erntegeschwindigkeit wirkt sich aber negativ auf Kleintiere aus.
(Großflächenmähkombination NOVOCAT A10 mit COLLECTOR- Schwadzusammenführung, Foto Schmidmair)

Zur Trocknung und Lagerung **aufgereutertes Heu.** Links ist das auf Schwad (d. h. in Reihen) gelegte Mähgut zu erkennen, welches dann von Hand auf die Reuter (= dreibeinige Holzgestelle) aufgebracht wird. Bei Regen fließt das Wasser oberflächlich ab und das Heu bleibt trocken. Das **früher** verbreitete Aufreutern ist nur von Hand durchführbar und findet heute kaum mehr Anwendung. (Westhausen 18.06.2012)

Gestapelte **Siloballen**. Das zur Erzielung eines hohen Futterenergiegehalts jung (d. h. meist vor der Samenbildung) geerntete Mähgut wird mittels Ballenpresse zu Rundballen gepresst und danach mit vielen Lagen aus Plastikfolie luftdicht eingewickelt. Durch die nun stattfindende Gärung wird es konserviert. Diese Technik wird **seit 1980** angewendet und erlaubt die Lagerung unter freiem Himmel. (Iggingen-Brainkofen 15.08.2019)

Mähgutaufnahme mit Feldhäcksler (links) und **Abschiebewagen** (Entleerung durch verschiebbare Frontwand). Das Mähgut wird mit Saugunterstützung vom Schwad aufgenommen, gehäckselt und auf den Wagen geblasen. Auf Wiesen in Süddeutschland breitet sich diese Technik **seit etwa 2000** aus. Mit ihr werden auch Kleintiere und Samen von der Wiese gesaugt. (Aalen 03.06.2019)

10. Agrarrevolution und Siedlungsentwicklung in Daten und Zahlen

Die Kulturlandschaft Mitteleuropas wurde zu keiner Zeit der ökologischen Vielfalt wegen geschaffen, sondern immer, um Nahrungsmittel und Rohstoffe zu produzieren: Äcker und Weiden für die Pflanzen- und Tierproduktion und Wald für die Holzproduktion. Wiesen entstanden ab dem Mittelalter, verstärkt dann ab dem 18. Jahrhundert, als Futterflächen im Zuge zunehmender Stallhaltung, insbesondere von Hausrindern.

Die Schlagkraft der Landwirtschaft nahm in den letzten 150 bis 200 Jahren sehr stark zu. Einige Rahmendaten, überwiegend für **Deutschland**, zu dieser Entwicklung:

- **um 1800** (Baden-Württemberg): Beginn der Markungsbereinigungen
- **um 1840**: Entwicklung der Tonrohrdrainage zur Trockenlegung von Äckern und Wiesen
- **1845 bis 1849**: Große Hungersnot in Irland (Kartoffelfäule, 1 Million Tote)
- **um 1850**: Beginn der Schädlingsbekämpfung mit giftigen anorganischen Salzen
- **ab 1850**: Dampftraktor ersetzt Arbeitstier, Grasmähmaschine ersetzt Sense
- **um 1900**: Einführung von Dieseltraktor sowie Trommelheuwender
- **1900 bis 1913**: Ammoniaksynthese (Ostwald, Haber & Bosch) als Basis für Kunstdünger
- **ab 1920**: Einführung von Motormäher und Sternradrechen statt Heugabel
- **1936**: Inkrafttreten des Reichsumlegungsgesetzes (Flurbereinigung)
- **1938, 1939**: Entwicklung der ersten organischen Insektizide TEPP und DDT
- **um 1940**: maschinelle Drainagerohrverlegung; **1953**: Flurbereinigungsgesetz der BRD
- **um 1960**: Drainage mit Kunststoffrohren; Einführung von Kreiselheuer und Ladewagen
- **um 1965**: Einführung der Schwemmentmistung mit Ausbreitung der Gülledüngung
- **ab 1970**: Einführung von Feldhäcksler und Fahrsilo
- **1974**: Einführung des Breitbandherbizids Glyphosat; **1980**: Einführung der Siloballen
- **1991**: Einführung des Insektizids Imidacloprid (erstes Neonicotinoid = Nervengift am Markt)
- **ab 2000** (Ostalbkreis): forcierte Weidelgraseinsaat im Grünland

Beispielhafte Produktionsdaten für Deutschland veranschaulichen das Resultat:

- 1 Landwirt ernährt um 1900 ca. 4 Personen, 2018 ca. 155 Personen
- Anzahl der Landwirte um 1900 ca. 4 Mio., in 2018 ca. 280.000
- Weizenertrag pro Hektar Ackerfläche um 1920 ca. 20 Dezitonnen, 2018 ca. 80 Dezitonnen
- Jahresmilchleistung einer Kuh um 1900 ca. 2.100 Liter, 2018 ca. 8.600 Liter
- Selbstversorgungsgrad 2017 bei Milch 113 %, Fleisch 117 %, Kartoffeln 135 %, Getreide 106 %, Zucker 125 %, Eier 72 %, Gemüse 37 %, Obst 22 % (*Q: topagrar.com*)

Parallel dazu nahm die Siedlungs- und Verkehrsfläche in Deutschland erheblich zu:

- Flächenverbrauch (Ba.-Wü.) 2017 ca. 8 Hektar pro Tag (*Q: Stat. Landesamt BW*)
- Siedlungs- und Verkehrsfläche (Ba.-Wü.) 1996 ca. 12,7 %, 2017 ca. 14,6 %
- Siedlungsfläche pro Einwohner (Westdeutschland): 1950 ca. 200 m², 2007 ca. 520 m² (*Q: Umweltbundesamt*)
- Anteil der Siedlungsfläche, Beispiel Dresden (*Q: Dr. Gotthard Meinel, IÖR*):

1790 ca. 3,9 % — 1900 ca. 12,0 % — 1998 ca. 25,0 %

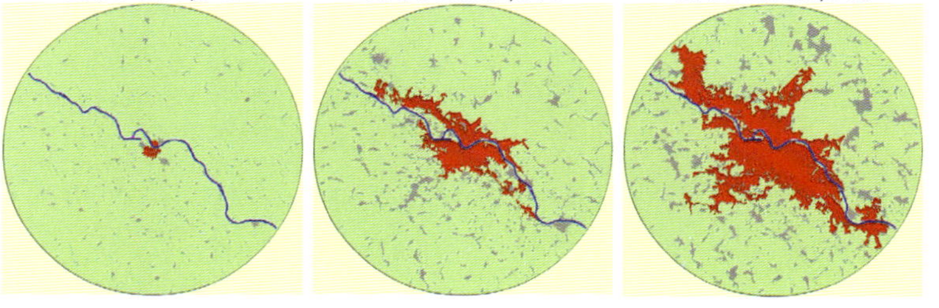

11. Der Rückgang der Biodiversität und der Schutz der Blumenwiesen

Niedergang der Tier-, Pflanzen- und Bewirtschaftervielfalt

Agrarrevolution und Siedlungsflächenzunahme haben eine Kehrseite: Es steht immer weniger Fläche für artenreiche Lebensräume zur Verfügung. Hierbei gilt: weniger Blumen → weniger Insekten → weniger Vögel. Beispielhafte Zahlen für Deutschland und die EU:

- 12,6 % der Brutvogel**arten** in Ba.-Wü. sind ausgestorben, insgesamt 44,7 % stehen auf der Roten Liste (2013)
- Drei Viertel der Vogel**arten** des Offenlands in Deutschland auf der Roten Liste (2015)
- Rückgang der **Zahl** der Vögel in der EU: Bei 39 häufigen Feldvogelarten 56 %, bei 34 häufigen Waldvogelarten 4 % (1980 bis 2010, *Q: European Bird Census Council 2019*)
- Rückgang der Fluginsekten**biomasse** in 63 deutschen Schutzgebieten um jeweils mindestens 75 % (1989 bis 2016, *Q: Entomologischer Verein Krefeld 2017*)
- 30,8 % der Wildpflanzen in Deutschland sind bestandsgefährdet (*BfN 2018*)
- Die **Zahl** der die Biodiversität erhaltenden kleinbäuerlichen Familienbetriebe geht in hohem Tempo zurück (Ostalbkreis: ca. 30 Betriebe pro Jahr).

Der fortgesetzte Totalverlust von Lebensräumen ließe sich durch einen Stopp der Siedlungs- und Verkehrsflächenausdehnung beenden, das Gegenteil ist derzeit der Fall.

Der Erhalt der Restdiversität in der Agrarfläche ist u. a. durch Aufrechterhaltung oder Wiedereinführung traditioneller und damit zumindest teilweise unökonomischer Nutzungsformen möglich. Hierfür gibt es Ausgleichszahlungen. Die Zielerreichung wird derzeit durch Lobbylenkung und Bürokratisierung verfehlt, u. a. Letzteres vor allem in Deutschland.

Der Rückgang der Wiesenblumen durch Nutzungsintensivierung ist sehr hoch (siehe Fotos S. 10 und 11). Die Blumen sterben deshalb noch nicht aus. Zum Beispiel ist das Kleine Mädesüß in Baden-Württemberg innerhalb eines Jahrhunderts „nur" in etwa 56 % seiner ehemals besetzten, jeweils ca. 25 km² großen sog. Messtischquadranten verschwunden. Wenn es auf einer dieser Flächen aber beispielsweise vor hundert Jahren noch 10.000 Pflanzen gab und heute nur noch 10, so bemerkt man erst die Dramatik des Rückgangs.

Amtlicher Blumenwiesenschutz

Blumenwiesen galten lange Zeit als so kommun und wenig wertvoll, dass der Naturschutz sich meist nur mit Magerrasen, Nass- und Streuwiesen oder Hecken befasste. Der amtliche Wiesenschutz begann mit der 1992 in Kraft getretenen **Fauna-Flora-Habitat-Richtlinie der EU** (kurz FFH-RL) zum Erhalt des europäischen Naturerbes. **Dort sind die Blumenwiesen als zu erhaltende Lebensräume (Verschlechterungsverbot!)** aufgeführt. Baden-Württemberg, das (Bundes-)Land mit den meisten Blumenwiesen weltweit, hat dann im Jahr 2004 begonnen, die Blumenwiesen auf 10 % der Landesfläche (FFH-Gebiete) zu erfassen. Ab dem Jahr 2012, 20 Jahre verzögert, begann die, anfangs wenig sensible, systematische Umsetzung der Erhaltungsziele für diese Wiesen, was zu erheblichem Unmut führte.

Die Erfassung der Wiesen auf den übrigen 90 % der Landesfläche ist Stand 2019 noch im Gange, wurde z. B. im Ostalbkreis aber bereits 2015 fertiggestellt. Das Resultat: 1.410 Hektar, das sind knapp 4 % des gesamten Grünlands im Kreis, sind noch arten- und strukturreiche Blumenwiesen, etwa 63 % **davon** besitzen einen guten Erhaltungszustand. Das Positive: In Baden-Württemberg und einigen anderen Bundesländern wird der Blumenwiesenerhalt durch Förderprogramme des Landes finanziell stark unterstützt.

12. Blumenwiesenschutz in der Praxis

Rahmen

Blumenwiesen gibt es (fast) nur in Mittel- und Westeuropa, weil dort das Klima im Sommer warm und feucht ist. Im Norden ist es zu kalt und im Süden und Osten zu trocken. Mit dem Aufwuchs der Wiesen werden im Stall Milchkühe und Fleischrinder gefüttert. Diese Hausrinder gibt es seit der Jungsteinzeit, Stallhaltung seit dem Mittelalter. Interessant: Dank Milchviehwirtschaft vertragen durch evolutionäre Anpassung 85 % der erwachsenen Mitteleuropäer Kuhmilch, weltweit sind es nur 25 % der Menschen.

Vereinfacht gilt: Kein Grünland ohne Hausrind, keine Wiese ohne Stallhaltung, keine Blumenwiese ohne Heufütterung. (Genauer: neben Hausrind noch Schaf und Pferd.)

Eine mit Heu magerer Blumenwiesen ernährte Milchkuh gibt wegen des geringen Eiweiß- und Energiegehaltes des Futters nur ca. ein Drittel bis die Hälfte der Milch einer Hochleistungskuh (→ höherer Milchpreis!), kann aber zwei bis drei Mal so alt werden.

Bewirtschaftung von Blumenwiesen

Beim ersten Wiesenschnitt wird das Heu geerntet, traditionell zum Beginn der Samenreife der Gräser (Zeit der Holunderblüte), in mittleren Lagen etwa Mitte Juni (energiereiches Heu Anfang Juni, Pferdeheu Juli/August). Mit dem zweiten Schnitt ca. acht Wochen später wird das Öhmd (auch Grummet) geerntet. Ein früherer erster Schnitt kann Blumen dann erhalten, wenn bis zum Zweitschnitt mindestens acht Wochen vergehen. Ein späterer Schnitt führt, ebenso wie erhöhte Düngung, durch Lichtkonkurrenz regelmäßig zu Vergrasung und Blumenverlust. Regel: Nicht warten, bis die letzte Margerite Samen trägt, sondern mähen, wenn ein Teil der Margeriten Samen trägt. Und: Mähgut immer (innerhalb einiger Tage) abräumen!

Gedüngt wird die Heuwiese traditionell mit Festmist (Rinderkot und Stroh). Die verschiedenen Arten von Gülle (Kot, Urin und Stroh in unterschiedlicher Zusammensetzung) schädigen die Grasnarbe (Ausnahme: verdünnte Gülle) und haben eine zu hohe Nährstoffverfügbarkeit, benachteiligen also kleinere Pflanzen. Biogas-Gärreste sind noch problematischer.

Die Mahd erfolgt in einer Höhe von ca. 4 cm, ähnlich wie beim Sensenschnitt. Noch tiefere Mahd zerstört die Überdauerungsorgane der Kräuter und deutlich höherer Schnitt führt zur Ausdunkelung der Kräuter und zur Förderung der Gräser.

Durch moderate Vorweide im April und/oder Nachweide im Herbst gelangt mehr Licht für die Kräuter in die Wiese und es entstehen Trittstellen als Keimbett. Gleiches gilt für Wühlstellen von Wildschweinen, Dachsen, Maulwürfen. Also: nur einebnen, nicht einsäen!

Wie stellt man eine Blumenwiese wieder her?

Wurden die Blumen nicht zu lange durch Spätmahd oder Verbrachung unterdrückt, so kann regelmäßige Heunutzung die Wiese wieder zum Erblühen bringen. Fehlen die Blumen wegen intensiver Nutzung, hilft nur die Blumeneinsaat mit gebietsheimischem Saatgut. Der Landschaftserhaltungsverband Ostalbkreis hat hierzu ein Verfahren der Streifeneinsaat entwickelt, welches seit 2012, parallel zum bereits seit zwei Jahrzehnten durchgeführten Blumenwiesenschutz, gemeinsam mit den Landwirten betrieben wird. Stand Ende 2018 wurden hiermit bisher gut 90 Wiesen aufgewertet. Kern des Verfahrens ist die Herstellung von weitgehend vegetationsfreien Streifen in der Wiese, in die dann das ausschließlich gebietsheimische Saatgut ohne Einarbeitung auf den Boden gestreut und angewalzt wird. Nach etwa zwei Jahren bildet sich dann in diesen Wiesenstreifen ein kräuterreicher Pflanzenbestand.

Fertigung von vegetationsfreien Streifen als Saatbett für die Wiesenblumeneinsaat. Solche Streifen müssen bis zu vier mal bearbeitet werden, bevor die Einsaat erfolgreich stattfinden kann. Nur so lässt sich verhindern, dass Obergräser, Spitz-Wegerich, Gewöhnlicher Löwenzahn und andere erneut die Oberhand gewinnen.
(Goldburghausen 20.06.2012)

Eingesäter Blühstreifen im zweiten Jahr nach der Einsaat von gebietsheimischem Saatgut. Aspektbestimmend sind Wiesen-Glockenblume und Wiesen-Margerite. Statt mit Saatgut kann auch mit Mähgutübertragung oder Heudrusch gearbeitet werden. Auf trockenen Böden funktioniert die Einsaat besser als auf nassen, da sich auf letzteren oft die Ausgangsvegetation wieder erholt. Hilfreich ist auch die Beimischung von Samen einjähriger Pflanzen (Ackerwildkräuter, Hafer), die der Saat bessere Etablierungsbedingungen ermöglichen.
(Wört 24.05.2017)

Was kann ich tun?

- Legen Sie eine Blumenwiese mit **gebietsheimischem Saatgut (nur Wiesenarten!)** im eigenen Garten an und verzichten Sie auf Granitwüsten, Roboterrasenmäher und Gift.
- Mähen Sie Ihren Rasen nur noch zwei bis dreimal im Jahr, z.B. mit der Sense.
- Kaufen Sie gut und lokal produzierte Nahrungsmittel zu einem fairen Preis.
- Kaufen Sie Produkte von Höfen, die auch artenreiche Heuwiesen bewirtschaften.
- Möchten Sie Ihre Wirtschaftswiese ökologisch aufwerten: melden Sie sich z.B. beim Landschaftspflegeverband ihres Landkreises (siehe www.lpv.de).

Giftpflanzen

Generell: Die Ausrottung giftiger Pflanzen widerspricht dem Schutz artenreicher Wiesen! **Die Dosis macht das Gift!** Als Nicht-Tierhalter: Ihnen droht von Blumen keine Gefahr! **Als Tierhalter:** Vermeiden Sie größere Mengen von Herbst-Zeitlose und Greiskraut im Futter und auf der Weide (Weidepflege!). In traditionell vor Juli gemähten Wiesen gibt es kein Jakobs-Greiskraut, es kann aber lokal Wasser-Greiskraut geben. Näheres unter **www.kreuzkraut.de** oder auf Nachfrage. **Ignorieren Sie geschürte Giftpflanzenhysterie!**

13. Blumenwiesen-Glossar

Fachbegriffe und *umgangssprachliche* Begriffe für den Bestimmungsteil:

Alle vorgestellten Pflanzen blühen (außer Schachtelhalm)! Besonders Gräserblüten sind aber klein/unauffällig, da sie zur Bestäubung keine Insekten anlocken, sondern den Wind nutzen (hatschi).

Blatt: **unzerteilt** (wie Buche), **gelappt** (wie Eiche), **gefingert** (→Fingerkraut) oder **fiederförmig** (wie Farn) und dann evtl. mit ***Teil*blättchen** und **Endblättchen** (→Futter-Esparsette) oder **-ranke** (→Vogel-Wicke). **Grundblatt**: entspringt am Boden.
gegenständig: zwei Blätter stehen sich auf gleicher Höhe gegenüber.
quirlständig: mehrere Blätter auf gleicher Höhe (auch bei Blüten).

Blüte/Blütenblätter: Umgangssprachlich für **Krone** bzw. **Kronblätter**. Botanisch besteht die **Blüte** i. d. R. aus Kelch-, Kron-, Staub- und Fruchtblättern.
Blütenköpfe: Sammelblüten der Korbblütler (z.B. Löwenzahn).

Blütenstand: **Ähre** wie Gerste, auch bei den Seggen. **Ährchen**: Teilblütenstand der Gräser, oft klein (Foto: →Weiche Trespe). ***Scheinähre/Ährenartiger Blütenstand***: **Ährenrispe** von Gräsern (→Fuchsschwanz). **Rispe**: von Hauptachse aus reich verzweigt (→Zittergras).
Dolde: alle Verzweigungen von einem Punkt aus (→Große Bibernelle).

Granne: Meist lange, fadenförmige „Spitze" an den Ährchen der Gräser (→Glatthafer).

Obergräser: Gräser des ob. Blühhorizonts, **Untergräser**: Gräser des mittl. Blühhorizonts.

Nährstoffe: Neben Kohlendioxid und Wasser benötigen Pflanzen weitere Nährstoffe (und Mineralstoffe), hauptsächlich Stickstoff, aber auch Phosphor, Kalium und andere. Je nach Bodenart schon z.T. vorhanden, heute aber überwiegend durch Düngung zugeführt.

Böden: Tonböden/tonige Böden sind eher nährstoffreich, wasserstauend und rasch austrocknend, enthalten viele winzige Tonplättchen. Sandböden sind eher nährstoffarm und wasserdurchlässig. Lehmböden enthalten u. a. Ton und Sand (gut zu bewirtschaften). U. a. Kalk macht Böden basisch. Fehlt er, sind sie mehr oder weniger sauer.

Saum: Streifen mit Staudenvegetation zwischen Wiese und Wald.

Rain/Feldrain: Streifen zwischen Wiesen, Äckern und Wegen (an Böschung: Stufenrain)

Störstelle: Viehtrittstelle, Fahrspur, Wühlstelle etc., ähnlich Ruderalstelle.

Ruderalstelle: Rohbodenstelle, auch zwischen Schotter/Asphalt, meist menschverursacht.

Weide: von Nutztieren befressenes Grünland. Tiere selektieren beim Fressen. Auf Weiden mehren sich daher ungern gefressene Pflanzen, Störstellenbesiedler, Ameisenhäufen.

Wiese: Grünland zur Stallfuttergewinnung. Der Schnitt erzeugt gleiche Ausgangsbedingungen für alle Pflanzen. Daher sind die Arten einer Wiese stark durchmischt.

Grünlandbrache: Ungenutztes Grünland, bei dem sich einzelne wüchsige Arten, besonders Obergräser, durch fehlende „Schnittgleichschaltung" flächig ausbreiten.

Moderne Wiesenbewirtschaftung (fördert Ertrag, reduziert Standortvielfalt):

Abschleppen: beseitigt Unebenheiten (z.B. Maulwurfshügel) und Düngerreste ⇒ unverschmutztes Futter.

Walzen: ebnet den Boden, regt Wachstum und Durchwurzelung an, bei Einsaatwiesen Andrücken des Grassamens.

Eggen/Striegeln: fördert Gräserwachstum (Narbenbelüftung), Ausreißen von Altgras.

Schnitthöhe: Bis vor Kurzem sehr gering, mittlerweile sehr hoch (8 cm) zur Schonung der Reservestoffe der Hochleistungsgräser. Beides reduziert die Artenzahl der Kräuter.

Silage/Gärfutter: Durch Milchsäuregärung (unter Luftabschluss) konserviertes Futter aus jungem Aufwuchs. Erster Schnitt meist Mai (z.T. schon April).

Heu und Öhmd: Getrocknetes Futter aus reifem Aufwuchs. Erster Schnitt meist Juni.

14. Die Pflanzen der Wiesen und Weiden

Nachfolgend werden 321 in Mitteleuropa vorkommende Pflanzenarten in Steckbriefen vorgestellt: die Arten der Wiesen und Weiden sowie ihnen ähnliche oder nah verwandte Arten, die z.T. in anderen Lebensräumen wachsen. Weitere ca. 60 Arten werden im Text mittels Erkennungsmerkmalen beschrieben. In Kapitel 15 sind noch 49 am Wegesrand zu findende Pflanzen abgebildet, sodass insgesamt 430 Pflanzenarten behandelt werden. Neben der vollständigen Erfassung der Arten der Glatthaferwiesen (Arrhenatherion), der Bergwiesen (Polygono-Trisetion) und der Fettweiden und Parkrasen (Cynosurion, inkl. der häufiger dort verwilderten Gartenpflanzen) sind auch die meisten Arten der Nasswiesen (Calthion) berücksichtigt. Aus Gründen der Überschaubarkeit wird aber auf die Beschreibung der selteneren Nasswiesenarten (z.B. Gelbe Wiesenraute) verzichtet. Die Besonderheiten der Pfeifengras-Streuwiesen (z.B. Mehl-Primel) und der Brenndolden-Stromtalwiesen, der Seggenriede und diversen Moore sowie der Magerrasen (z.B. diverse Enziane) werden, von einigen Ausnahmen abgesehen, nicht behandelt. Ebenso fehlen die Pflanzen der Gebirgswiesen oberhalb der Waldgrenze und die Pflanzen der Salzwiesen. Die Pflanzen des Waldes, der Gewässer und weiterer Biotope bleiben i.d.R. unbehandelt, ebenso die Moose und Pilze des Grünlands. Ein „agg." („Aggregat") im wissenschaftlichen Namen bezeichnet eine Sammelart, die mehrere, schwer unterscheidbare Kleinarten zusammenfasst.

Arten der **Bergwiesen** erkennt man am **Bergpiktogramm**. Arten der **Nasswiesen** sind durch **drei Wassertropfen** charakterisiert, Arten der **Magerwiesen**/Magerrasen durch **nur eine Schaufel**.

Weiterführende Bestimmungsliteratur:

Bildbestimmungsführer mit beschränkter Pflanzenauswahl:

- *Grundkurs Pflanzenbestimmung* (Quelle & Meyer Verlag)
- *Was blüht denn da?* (Kosmos-Verlag)

Vollständige Floren mit exakter Bestimmung nach Schlüsseln:

- *Rothmaler-Exkursionsflora von Deutschland* Bände 2 und 3 (Spektrum-Verlag)
- *Schmeil-Fitschen*: *Die Flora Deutschlands* (Quelle & Meyer Verlag)

Das Sechsfleck-Widderchen (*Zygaena filipendulae*) ist ein Musterbeispiel für die Verflechtung von Wiesenblumenvielfalt und Insektenvielfalt. Die Raupen fressen überwiegend an den gelben Hornklee-Arten (*Lotus corniculatus* und *L. uliginosus*), die Falter saugen den Nektar überwiegend an den roten bis violetten Blüten von Flockenblume (*Centaurea* spec.) oder, wie hier, von Acker-Witwenblume (*Knautia arvensis*). Auf Löwenzahnwiesen kann dieser Schmetterling daher gar nicht vorkommen. Weidelgraswiesen sind, auch wegen der häufigen Mahd weitgehend schmetterlingsfrei.

Wiesen-Schlüsselblume *Primula veris*

❀ Blüten goldgelb, Kelch erweitert ↓, Blütenschlund kräftig orange gefleckt ↓.

⤨→Wald-Schlüsselblume; entfernt: ⇛Gew. Wundklee (*Anthyllis vulneraria*).

🕮 Blütenstand ähnelt Schlüsselbund (Name!). Daher auch Himmelsschlüssel genannt. Durch Düngung aus den meisten Wiesen verdrängt und so meist nur noch an mageren Rainen oder in Magerrasen. Auch in Laubwäldern. Heilpflanze gegen Bronchitis.

4

8

3

⚠ ❄

♃

Wald-Schlüsselblume *Primula elatior*

❀ Blüten blassgelb, Kelch kaum erweitert ↓, Blütenschlund mit dunkelgelbem Ring ←.

⤨ →Wiesen-S; **Stängellose S.** (*P. vulgaris*, Bäche, Wälder, z. T. randlich in Wiesen, Wildform sehr selten): Blütenstiele direkt aus der Blattrosette ↙↙, Stammform der Gartenprimeln.

🕮 Heißt auch Hohe Schlüsselblume. Blüht im April: lat. *Primula* = kleine Erste. Gern auf Lehmböden. Wächst in Laubwäldern, Bergwiesen und an Rainen.

6

7

7

⚠ ▲ ❄

♃

Pfennigkraut

Lysimachia nummularia

❀ Pflanze kriechend, Blätter stumpf.

⤮ Hain-Gilbweiderich (*L. nemorum*, Wälder): Pflanze aufrecht, Blätter spitz; **Gewöhnlicher Gilbweiderich** ↓ (*L. vulgaris*, u.a. Nasswiesen): Pflanze groß, aufrecht, Blätter meist drei im Quirl ⇒Punktierter G.

📖 Blätter ähneln Geldstücken. Wächst auch unter Wasser. Durch ungeschlechtliche Vermehrung bestehen flächige Vorkommen meist aus Klonen einer einzigen Pflanze.

6~

alle

alle

♃

Echtes Johanniskraut

Hypericum perforatum

❀ Blätter durch Öldrüsen durchscheinend punktiert ↙, Kelchblätter schmal und spitz ↓.

⤮ **Geflecktes J.** (*H. maculatum*, saure Magerrasen): Blätter kaum punktiert, Kelchblätter elliptisch ↘; **Geflügeltes J.** (*H. tetrapterum*, Gräben, Nassstellen), Stängel vierflügelig ↘↘

📖 Heißt wegen der punktierten Blätter und der hartfaserigen Stängel auch Tüpfel-Hartheu. Heilpflanze gegen Depressionen. Zerquetschte Knospen färben sich rot.

4

6

4

♃

Scharfer Hahnenfuß *Ranunculus acris*

❀ Blattteile ohne Stiel ↓, Blütenstiel nicht gefurcht ↘. Blüten nicht verkümmert und mit fünf Blütenblättern ↙↙.

⤮ →Gold-H.; →**Hain-H.** ↘; →Berg-H.

🕮 Häufigster Wiesenhahnenfuß. „Scharf"-schmeckend bezieht sich auf die Giftigkeit fürs Vieh. Charakterart der Löwenzahnwiesen. Dort oft aspektbildend. Oberste Stängelblätter der Hahnenfüße oft nur schmal dreifingerig (wie Fußzehen eines Hahns, Name!).

6

alle

alle

♃

Gold-Hahnenfuß *Ranunculus auricomus* agg.

❀ Blattteile (fast) ohne Stiel ↓, obere Stängelblätter schmal und auffällige Quirle bildend, Blüten meist verkümmert ←←: nur einzelne Blütenblätter vorhanden, blüht früher als die anderen genannten Hahnenfußarten.

⤮ →Scharfer H.

🕮 Die vielgestaltige Pflanze kommt in zahlreichen Kleinarten vor. Besonders häufig in Säumen und Laubwäldern, auch gern zusammen mit dem →Busch-Windröschen.

Grundblattformen

alle

7

alle

♃

Kriechender Hahnenfuß

Ranunculus repens

❀ Pflanze mit langen Kriechtrieben, Blattteile mit Stielen ↓, Blütenstiele gefurcht, Blüten größer als bei den vorigen Arten.

⤮ →Knolliger H.

🕮 Oft an Stellen, an denen sich gelegentlich Wasser staut (z.B. in Flutmulden überschwemmter Auenwiesen). Lat. *ranunculus* = Fröschlein. Bestäubung auch bei Regen durch in der Blüte schwimmenden Pollen. Blüht später als die vorgenannten Hahnenfußarten.

Knolliger Hahnenfuß

Ranunculus bulbosus

❀ Blätter behaart, Blattteile mit Stielen ↓, Blütenstiele gefurcht, Kelchzipfel nach unten umgeschlagen ←, Blüten etwa so groß wie beim Kriechenden H.

⤮ →Kriechender H.; **Rauer H.** ↘(*R. sardous*, u.a. feuchte Weiden): Stängel oben abstehend behaart (beim Knoll. H. anliegend behaart ↘↘).

🕮 Magerkeitszeiger, der auch gerne in ungedüngten Parkrasen/Gärten wächst. Besitzt unterirdische Knolle (Name!).

Hain-Hahnenfuß *Ranunculus polyanthemos* ssp. *nemorosus*

❀ Blattteile ohne Stiel ↙, Blütenstiel gefurcht ←←, Blüten etwas größer als beim Scharfen H.

⤨ →Scharfer H.; **Berg-H.** ↓ (*R. montanus agg.*, u.a. Bergwiesen): Pflanze max. 30 cm hoch. Unterschied zu Zwergformen des Scharfen H.: der sog. Blütenboden unter den Früchtchen ist behaart.

🕮 Wächst in Wäldern, Säumen, Bergwiesen und Bergweiden. Ist eine Unterart des Vielblütigen Hahnenfußes (*R. polyanthemos*).

5

6

alle

♃

Brennender Hahnenfuß *Ranunculus flammula*

❀ Pflanze (meist deutlich) unter 50 cm hoch, Blätter unzerteilt, schmal zungenförmig ↓, Blüten unter 1 cm.

⤨ Zungen-H. (*R. lingua*, Röhrichte, auch Zierpflanze an Gartenteichen): stets über 50 cm hoch, Blüten größer 2 cm.

🕮 Pflanze kriechend mit Wurzeln an den Stängelknoten. Wächst nur an sehr mageren sumpfigen Stellen.

9~

3

2

♃

Trollblume *Trollius europaeus*

❀ Blütenblätter zu einer Kugel geschlossen (altdeutsch *troll* = kugelig).

⤮ unverwechelbar

📖 Profitiert von moderatem Viehtritt (Offenbodenstellen zur Keimung), war früher aber auch in feuchten Wiesen häufig. Extremer Rückgang: Mittlerweile sind die meisten Vorkommen wegen Trockenlegung und Nutzungsintensivierung erloschen! Einzig in den Alpen noch häufiger.

7

6

5

⚠

♃

Scharbockskraut *Ficaria verna*

❀ Blätter unzerteilt (vgl. Hahnenfüße), mindestens acht Blütenblätter.

⤮ **Winterling** ↓ (*Eranthis hyemalis*, aus Gärten verwildert): Hochblattquirl unter der Blüte.

📖 Pflanze des Laubwalds, auch in feuchten Wiesen. Blüten mit temperaturabhängigen Wachstumsschließbewegungen. Besitzt feigwarzenförmige Wurzelknollen. Daher auch Feigwurz genannt. Blätter mit Vitamin C, früher gegen Skorbut (= Scharbock) verzehrt.

6

7

7

❄

♃

Sumpf-Dotterblume *Caltha palustris*

❀ Blätter unzerteilt, Blüten über 3 cm groß, fünf Blütenblätter.

⤮ Kassubenblättriger Hahnenfuß (*Ranunculus cassubicifolius*, Nasswiesen, extrem selten): Blüten unter 3 cm; **Gold-Fingerkraut** ↓ (*Potentilla aurea*, saure Gebirgsweiden): Fingerblätter randl. anliegend seidenhaarig, Blüten goldgelb.

📖 Pflanze der Nasswiesen. Mit den dottergelben Blüten wurde früher Butter gefärbt. Knospen als Kapernersatz.

9

alle

6

♃

Kriechendes Fingerkraut *Potentilla reptans*

❀ Pflanze mit langen, wurzelnden Kriechtrieben, Blätter gefingert mit fünf Teilblättchen, Blüten ca. 2 cm, mit fünf Blütenblättern.

⤮ **Gänse-F.** ↓ (*P. anserina*, feuchte Wiesen): Blätter fiederförmig. In den heute seltenen Gänseweiden meist die häufigste Pflanze (Name!); →Gold-F.

📖 Pflanze kriechend mit Ausläufern. Auch an Ruderalstellen. Volksname Fünffingerkraut.

6

7

5

♃

Blutwurz *Potentilla erecta*

❀ Blüten ca. 1 cm, mit nur vier Blütenblättern.

⤨ **Frühlings-Fingerkraut** ↓ (*P. neumanniana*, Kalkmagerrasen): Blätter gefingert mit fünf bis sieben Teilblättchen, Blüten ca. 1,5 cm, mit fünf Blütenblättern.

🕮 Häufig in Borstgrasrasen. Kommt auch an sehr mageren Stellen in Wiesen und Weiden vor. Rhizom mit blutrotem Saft (Name!). Heilpflanze gegen Durchfall und Entzündungen. Auch zur Schnapsherstellung.

alle

alle

2

♃

Wald-Goldstern *Gagea lutea*

❀ Ein langes Blatt mit Kapuzenspitze, Blätter mindestens 6 mm breit, Blüten unterseits grün.

⤨ **Wiesen-G.** ↓ (*G. pratensis*, Wegraine, Wiesen, extrem selten): Blätter max. 6 mm breit; Acker-G. (*G. villosa*, Raine, oft unter Linden, sehr selten): Blätter 2 mm breit, behaart.

🕮 Zwiebelpflanze. Samen durch Ameisen verbreitet. Wächst auch gern im Grünland, insbesondere in Weiden. Trotz Nährstoffliebe nicht in stärker gedüngtem Grünland.

6~

7

7

♃

Orientalisches Zackenschötchen *Bunias orientalis*

❀ Hauptblüte Mai, Kelchblätter abstehend, Früchte klein und schief eiförmig ↙.

⤨ **Echtes Barbarakraut** ↓ (*Barbarea vulgaris*, u. a. Straßenränder): Blüte April, Blätter dunkelgrün, Kelchblätter anliegend, Früchte länglich; ⇒Raps: Kelch abstehend, Früchte länglich.

🕮 Wärme- und lichtliebend. Aus dem Osten kommend. Seit 200 Jahren, u. a. als Futterpflanze, in Deutschland. Seit dem Jahr 2000 (u. a. Klima!) starke Ausbreitung (Straßen, Wiesen).

5

8

5

♃

Kleiner Odermennig *Agrimonia eupatoria*

❀ Blätter grob kartoffelblattähnlich ↓, unten filzig behaart, Blütenstand langgestreckt, Blüten 5 bis 8 mm.

⤨ Großer O. (*A. procera*, Säume, Ruderalstellen, sehr selten): Blätter unten nichtfilzig behaart, Blüten ca. 10 mm.

🕮 An Säumen, in Kalkmagerrasen und mageren Wiesen. Klettfrüchte ↘ von Säugetieren verbreitet (perfekter "Sockenhafter"). Blüten früher zum Gelbfärben verwendet.

4

8

4

2

♃

Echtes Labkraut *Galium verum*

❀ Blätter schmal und spitz, im Quirl stehend ←, Blüten gelb.

⤮ **Gewimpertes Kreuzlabkraut** ↓ (*Cruciata laevipes*, u.a. Säume): klein, Blätter breiter.

📖 Licht- und wärmeliebender Magerkeitszeiger, auch in mageren Wiesen. Klimmt mit den schräg nach unten stehenden Blättern an der Umgebungspflanzen hoch. Blüten riechen nach Honig. Hybride mit dem Wiesen-Labkraut heißen Weißgelbes Labkraut (*G.* × *pomeranicum*).

4~

7

3

♃

Zypressen-Wolfsmilch *Euphorbia cyparissias*

❀ Pflanze mit Milchsaft, Blätter zahlreich, sehr schmal.

⤮ **Warzen-W.** ↓ (*E. verrucosa*, Magerrasen, Raine): Blätter viel breiter, Früchte warzig ↓↓. Weitere Arten (meist nicht im Grünland) mit fast immer breiteren Blättern.

📖 Mit giftigem Milchsaft, daher oft in (mageren) Weiden. Häufig verkrüppelte Formen ↙, die vom Erbsenrost-Pilz (*Uromyces pisi*) befallen sind (siehe Blattunterseiten).

3

alle

3

♃

Zottiger Klappertopf *Rhinanthus alectorolophus*

❀ Kelch und übrige Pflanze zottig behaart ↓.

⤮ u.a. **Begrannter K.** ← (*R. glacialis*, Magerrasen): Zähne der Blütenstandsblätter zu einer langen Grannenspitze ausgezogen, Kelch kahl.

🕮 In Süd-D häufig. Hält als Schmarotzer die Vegetation kurz und gibt so kleinen Blumen eine Chance zu wachsen. In reifen Früchten klappern die Samen im Wind (Name!). Die geflügelten Samen vom Wind verbreitet. Wurde gegen Läuse und andere Schädlinge angewandt.

4

7

3

Kleiner Klappertopf *Rhinanthus minor*

❀ Kelch kahl ↓, Blütenröhre gerade, nicht aus Kelch ragend.

⤮ **Großer K.** ← (*R. serotinus*, feuchte Wiesen, in Nord-D häufig): Blütenröhre aufwärts gekrümmt, untere Zähne der Blütenstandsblätter deutlich länger als obere; → andere Klappertö.

🕮 Die Arten kommen in feuchten Wiesen z.T. gemeinsam vor. Im Volksmund wegen wuchsschwächender Wirkung auch „Milchdieb" genannt.

4

alle

3

Gewöhnlicher Hornklee *Lotus corniculatus*

❀ Blatt (+ Nebenblätter) mit fünf Blättchen ↙, alle Blüten auf einer Höhe (Quirl). Unterster Blütenteil ("Schiffchen") hornförmig ←←.

⤨ →Wiesen-Platterbse; **Sumpf-H.** ↓ (*L. uliginosus*, Nassbiotope): Stängel hohl, meist über fünf Blüten im Quirl; **Hufeisenklee** ↘ (*Hippocrepis comosa*, Magerrasen): kleiner, Blätter fiederförmig mit langem Stiel und vielen Blättchen.

🕮 Wurzelt bis zu 1 m tief und erträgt daher Trockenheit.

4

7

3

♃

Wiesen-Platterbse *Lathyrus pratensis*

❀ Blatt mit zwei Teilblättchen und Endranke ↓, direkt am Stängelansatz noch zwei größere sog. Nebenblätter, Blüten am Stiel des Blütenstands verteilt.

⤨ →Gewöhnlicher Hornklee

🕮 Eiweißpflanze, die aber wegen Bitterstoffen von Weidetieren eher verschmäht wird. Früchte sind (platte) Hülsenfrüchte, wie bei der Erbse (→Berg-Platterbse).

6

7

6

♃

Hopfen-Luzerne *Medicago lupulina*

❀ Endblättchen mit Spitzchen ↓, Blütenknospen krallig aufwärts gekrümmt ←.

⤮ →Kleiner Klee; →Feld-Klee

🕮 Hauptverbreitung auf eher trockenen kalkreichen Böden. Blütenstand erinnert an Hopfen (*Humulus lupulus*, Name!). Die Gattung Medicago auch Schneckenklee genannt, wegen der schneckenartigen Früchte ↘.

4

8

alle

♃

Kleiner Klee *Trifolium dubium*

❀ Endblättchen ohne Spitzchen ↓, Blütenknospen gerade, Blütenstand igelig.

⤮ →Hopfen-Luzerne; →Feld-Klee

🕮 Hauptverbreitung auf eher feuchten Lehmböden. Heißt wegen seiner Zierlichkeit auch Faden-Klee, wird trotzdem überwiegend von (dicken) Hummeln bestäubt.

4

6

4

⊙

Feld-Klee *Trifolium campestre*

❀ Blütenstand größer als bei den vorgenannten Arten, Endblättchen ohne Spitzchen, mit Stiel ↓

⤨ →Hopfen-Luzerne; →Kleiner Klee; Gold-Klee (*T. aureum*, grasige Waldlichtungen, nicht häufig): Endblättchen ohne Stiel.

🕮 Nur in sehr mageren Wiesen. Hauptverbreitung in Magerrasen und an Wegrändern.

4

5

3

⊙

Pastinak *Pastinaca sativa*

❀ Blätter fiederförmig mit großen Teilblättchen ↓. Blüten gelb.

⤨ →Wiesen-Silau (siehe bei weißblühend).

🕮 An Rainen und besonders an Straßenrändern häufig, in Wiesen selten. Vom Altertum an bis ins 18. Jhdt. als Gemüse und Viehfutter angebaut. Besitzt große Wurzelrübe. Deren Nährwert höher als bei der Möhre. Blätter sehr würzig. Pflanze durch Anbau weltweit verschleppt.

4

8

5

2

♃

Gewöhnlicher Löwenzahn *Taraxacum* sect. *Ruderalia*

❀ Stängel einköpfig, blattlos, hohl, Milchsaft.

⤨ Sumpf-Löwenzähne (*T.* sect. *Palustria*): kleinwüchsig, Blätter schmal, Blütenköpfe klein.

🕮 Die Gattung *Taraxacum* besitzt mehrere Gruppen (Sektionen) mit vielen Kleinarten. In Wiesen die Ruderal-Gruppe (*T.* sect. *Ruderalia*), selten die Sumpf-Gruppe. Überlebt häufige Mahd durch rasche Samenbildung. Mit Beginn der Güllewirtschaft starke Ausbreitung. Heute Zurückdrängung durch Weidelgraseinsaat.

5

alle

8

❄

♃

Gewöhnliches Ferkelkraut *Hypochoeris radicata*

❀ Grundblattrosette dem Boden anliegend ↙↙, Blätter sehr rauhaarig, ein bis mehrere verzweigte, blaugrüne, blattlose Stängel.

⤨ →Rauer Löwenzahn; →Herbst-Löwenzahn; Geflecktes F. (*H. maculata*, u.a. Magerweiden, selten): Stängel steifhaarig, Blätter gefleckt.

🕮 Mit seiner dicht dem Boden anliegenden Blattrosette überlebt das Ferkelkraut auch den Gartenrasenmäher. Daher in Gärten und Parks häufig, sowie in Magerwiesen/-weiden.

5

4

3

♃

Rauer Löwenzahn *Leontodon hispidus*

❀ Grundblätter ↓ nicht dem Boden anliegend, meist rauhaarig ↙, Stängel blattlos, mit nur einem Blütenkopf, Kelchblätter meist rauhaarig.

⤮ →Gewöhnliches Ferkelkraut; →Herbst-L.; Schweizer L. (*L. helveticus*, Bergwiesen): u. a. „Knospen“ aufrecht (bei Rauem L. nickend).

🕮 Blumenwiesenzeiger, der in stärker gedüngten Wiesen verdrängt wird. Achtung: Die jungen Blätter des Gew. Löwenzahns sind ebenfalls häufig (weicher) behaart.

5

7

6

♃

Herbst-Löwenzahn *Scorzoneroides autumnalis*

❀ Grundblattrosette, Blätter mit schmalen Seitenlappen ↓ (diese kurz bis mehrere cm lang), unbehaart, Stängel verzweigt, nicht blaugrün, Blüten gelb, unterseits oft orange ↘.

⤮ →Gew. Ferkelkraut; →Rauer L.; →Orangerotes Habichtskraut; →Gold-Pippau

🕮 Der Gattungsname „Löwenzahn“ bezieht sich auf die grob gesägt-gelappten Blätter.

5

5

5

2

♃

Wiesen-Pippau *Crepis biennis*

❀ Groß, Stängel beblättert, Blätter fiederförmig ↓, zahlreiche Blütenköpfe, abstehender Außenkelch ↘, Blütenköpfe mindestens 2 cm breit.

⤭ →Kleinköpfiger P.

🕮 Erträgt moderate Intensivnutzung. Die Früchte können als Kanarienvogelfutter verwendet werden.

6

6

5

Kleinköpfiger Pippau *Crepis capillaris*

❀ Ähnlich Wiesen-P., aber in allen Teilen kleiner, Blütenköpfe maximal 1,5 cm breit.

⤭ →Wiesen-P.

🕮 Am häufigsten in Parkrasen, aber auch in mageren Weiden und seltener Wiesen der tieferen Lagen und an Ruderalstellen. In Pflasterritzen gelegentlich nur 10 cm hoch, sonst fast die Höhe des Wiesen-Pippaus erreichend.

5

6

4

Weichhaariger Pippau *Crepis mollis*

❀ Stängelblätter unzerteilt, ungestielt und leicht den Stängel umfassend ↓, weichhaarig (Name!). Blüten auffallend goldgelb.

⤮ →Sumpf-P.

🕮 Auf Lehmböden. Kommt in Süddeutschland ab ca. 400 m üNN vor. Die nur in West- bis Osteuropa vorkommende Art geht durch Intensivnutzung extrem stark zurück und ist eine der am stärksten bedrohten Wiesenarten. Mahd etwas später als bei üblichen Blumenwiesen!

5~

5

5

2|

Sumpf-Pippau *Crepis paludosa*

❀ Stängelblätter unzerteilt, mit wellig gezähntem Blattrand, ungestielt, herzförmig und z.T. mit Spitzen den Stängel umfassend ↓, unbehaart, Pusteblume nicht rein weiß, sondern hellbräunlich.

⤮ →Weichhaariger P.

🕮 Mag tonige Böden. In Nasswiesen und mit diesen selten. An feuchten Säumen und Waldgräben/Hochstaudenfluren häufiger.

8~

8

6

2|

Gewöhnliches Bitterkraut *Picris hieracioides*

❀ Pflanze meist mit klettenden Hakenhaaren ↙, Blätter unzerteilt, meist wellig ↓.

⤮ Dank der Kletthaare meist nicht zu verwechseln. Es treten aber auch unbehaarte Sippen auf. Natternkopf-B. (*P. echioides*, Ruderalstellen, in Deutschland sehr selten, in Südeuropa häufig): Blütenköpfe von großen Hüllblättern umgeben.

🕮 An Straßenrändern häufig, in Wiesen selten.

4

8

4

2

♃

Florentiner Habichtskraut *Hieracium piloselloides* a.

❀ Grundblattrosette, keine Kriechtriebe, Blätter ↙ schmal, ganzrandig. Stängel lang mit wenigen Blättern, oben reich verzweigt.

⤮ **Trugdoldiges H.** ↓ (*H. cymosum*, u.a. Bergwiesen): ohne Kriechtriebe, Blütenstandsstiele meist von einem Punkt aus; Wiesen-H. (*H. caespitosum*, u.a. Raine, Ruderalstellen): Kriechtriebe vorhanden, nicht alle Blüt.standsstiele von einem Punkt aus.

🕮 Mehr zu den Habichtskräutern s.u.

4~

8

2

♃

Orangerotes Habichtskraut *Hieracium aurantiacum*

❀ Blattrosette, Blätter stark behaart, Stängel mit einigen orangeroten Blüten (unverkennbar).

⤮ →**Gold-Pippau** ↓ (*Crepis aurea*, überwiegend in Gebirgsweiden): Blütenkopf orange, nur ein Blütenkopf je Stängel.

🕮 Alpenpflanze. Auch Zierpflanze, die häufig in Parkrasen und an Rainen verwildert. Die Habichtskräuter bilden eine sehr artenreiche Gattung. An der Bestimmung so mancher gelb blühender Pflanze verzweifeln auch Experten.

Kleines Habichtskraut *Hieracium pilosella*

❀ Pflanze mit Kriechtrieben, Blätter unzerteilt, ganzrandig, mit langen Haaren, Stängel mit einem Blütenkopf.

⤮ **Öhrchen-H.** ↓ (*H. lactucella*, sehr magere Standorte, sehr selten): Blätter blaugrün, Stängel zwei bis fünfköpfig;

🕮 Bildet durch seine Kriechtriebe an mageren Stellen größere Herden aus Blattrosetten.

Östlicher Wiesen-Bocksbart *Tragopogon orientalis*

❀ Blätter grasähnlich, Kelchblätter einreihig ↙, max. so lang wie Blüten, Köpfe groß (ca. 6 cm).

⤮ **Gew. Wiesen-B.** (*T. pratensis*): Kelchblätter überragen Blütenblätter ↓; Kleiner B. (*T. minor*, Störstellen, selten): Kelchblätter mindestens doppelt so lang wie Blütenblätter; →Arnika.

🕮 Besitzt die größte Pusteblume aller Wiesenblumen. Blüten nachmittags geschlossen.

5

7

6

Arnika *Arnica montana*

❀ Mit Grundblattrosette, Blätter und Seitenblüten gegenständig ←, Blüten groß.

⤮ →Wiesen-Bocksbart: nur Zungenblüten, ohne mittige Röhrenblüten; **Niedrige Schwarzwurzel** ↓ (*Scorzonera humilis*, moorige Wiesen): Blätter ähnl. Spitz-Wegerich, Blüten ähnl. Bocksbart, aber Kelchblätter verschied. lang ↘.

🕮 In Magerweiden einst häufig, heute außerhalb der Alpen sehr selten. Als „Berg-Wohlverleih" zur Wundheilung (nur äußerlich, da giftig).

5

3

2

♃

Jakobs-Greiskraut *Senecio jacobaea*

❀ Grundblattendlappen groß ↙, Stängelblätter ↓, Köpfe margeritenähnlich, Blüten gelb.

⤮ **Raukenblättriges G.** ↘ (*S. erucifolius*): Grundblattendlappen klein; Stängelbl. ↘; →Wasser-G.; ⇛Färber-Hundskamille, ⇛Rainfarn.

🕮 Blüht spät (Jacobi = 25. Juli, Name!). Wichtig für Insekten! Giftpflanze. Kommt bei Mahd vor Juli nicht vor! Pusteblumen erinnern an Greisenhaupt (lat. *senex* = Greis, Name!). Oft auch Kreuzkraut genannt.

Wasser-Greiskraut *Senecio aquaticus*

❀ Obere Stängelblätter kurz und wenig zerteilt ↓, Köpfe margeritenähnlich, Blüten gelb.

⤮ →Jakobs-G.: höher!, Stängelblätter länger; ⇛**Schmalblättriges G.** (*S. inaequidens*, Neubürger aus Südafrika, Straßenränder, dort seit ca. dem Jahr 2000 massive Ausbreitung!): Blätter unzerteilt, schmal ↘.

🕮 Gilt als etwas weniger giftig als das Jakobs-Greiskraut. Gebietsweise häufig (z.B. im Schwäbischen Wald), aber vielerorts fehlend.

Frühlings-Hungerblümchen *Draba verna*

❀ Winzige Blattrosetten ↙↙, Blätter unzerteilt, Blütenstängel zart und blattlos, mit winzigen Blüten.

⤮ →Behaartes Schaumkraut

🕮 In Wiesen und Weiden an offenerdigen Stellen, gern auf ertragsarmen „Hungerböden" (Name!). Auch im Schotter und in Pflasterritzen. Hieß bis vor Kurzem statt Draba „Erophila", griechisch für „Frühlingsliebende".

alle

alle

2

Gewöhnliches Hirtentäschel *Capsella bursa-pastoris*

❀ Grundblattrosette mit meist löwenzahnähnlichen Blättern ↙, obere Blätter ganz ←, Blüten ca. 2 mm, Früchte dreieckig, Allerweltspflanze.

⤮ **Gebirgs-H.** ↓ (*Thlaspi caerulescens*, u.a. saure Bergwiesen): dichte Grundblattrosette, Blätter schwach stängelumfassend, Staubbeutel beim Abblühen dunkelviolett; **Stängelumfassendes Hellerkraut** ↘ (*T. perfoliatum*, u.a. Raine, Kalkmagerrasen, häufig): Stängelblätter stark stängelumfassend, Staubbeutel gelb.

5

alle

6

Behaartes Schaumkraut *Cardamine hirsuta*

❀ Grundblätter in kleiner Rosette, fiederförmig. Stängel beblättert, Blüten mit vier Staubblättern ←, Früchte länglich ←←.

⤨ →Frühlings-Hungerblümchen; **Wald-S.** ↙↓ (*C. flexuosa*, Wälder): Pflanze kräftiger, Stängel in leichtem Zickzack verlaufend, Blüten mit sechs Staubblättern ↙; →Hirtentäschel.

📖 An Rainen und in Gärten. Zunehmend auch in Wiesen. Dank Verschleppung durch den Menschen fast weltweit verbreitet.

5

5

7

Wiesen-Schaumkraut *Cardamine pratensis*

❀ Blätter fiederförmig ↙, obere sehr schmal, Blütenblätter vier, weiß bis hellrosa-lila.

⤨ →Gebirgs-Hellerkraut; **Bitteres S.** ↓ (*C. amara*, u. a. Gräben): obere Blätter breit, Blüten weiß

📖 Nahrungspflanze der Aurorafalterraupe. Die Schaumzikade macht u. a. an dieser Art ein Larvennest aus Pflanzensaftschaum (Name!, siehe auch Kuckucks-Lichtnelke). Charakterpflanze aller nicht zu trockenen Wiesen. Starker Rückgang durch Graseinsaat.

6

alle

alle

♃

Wiesen-Lein *Linum catharticum*

❀ Pflanze klein, Blätter überwiegend gegenständig, ca. 1 cm lang, Blüten fünfzipflig, ca. 5 mm, vor dem Aufblühen nickend.

⤮ **Hügel-Meister** ↓, ↘ (*Asperula cynanchica*, Kalkmagerrasen): Blüten noch kleiner und vierzipflig, mit den Labkräutern verwandt.

🕮 Magerkeitszeiger, meist auf kalkreichen, tonigen Böden. Der (aus heutiger Sicht giftige) Tee wirkt abführend bis Brechreiz auslösend (lat. *catharticum* = purgierend = abführend).

alle

7

2

Knöllchen-Steinbrech *Saxifraga granulata*

❀ Grundblätter charakteristisch ↓ (ähnlich den Blättern des Milzkrauts, einer Waldpflanze), Blüten 1 bis 1,5 cm, Blütenblätter fünf.

⤮ →Wiesen-Schaumkraut: vier Blütenblätter; →Gew. Hornkraut: gespaltene Blütenblätter.

🕮 Besitzt Brutknöllchen (Name!) an den Blattstielansätzen (vegetative Vermehrung). Meist auf Lehmböden. Oft mit →Wald-Goldstern in Rinderweiden. Starker Rückgang. Viele Steinbrech-Arten an Fels im Gebirge (Name!).

4

5

3

Erdbeer-Fingerkraut *Potentilla sterilis*

❀ Mattgrüne Erdbeerblätter, Blütenblätter voneinander entfernt stehend.

⤨ **Wald-Erdbeere** ↓ (*Fragaria vesca*, Wälder, Säume): Blätter größer, leicht glänzend und mit mehr Zähnen, Blütenblätter stehen dicht oder überlappen sich.

🕮 In Wiesen (nur magere Stellen), an Rainen und Säumen. Ameisenbestäubung. „*sterilis*“ = “steril” wegen fehlender Erdbeerfrucht.

5

6

6

♃

Busch-Windröschen *Anemone nemorosa*

❀ Blätter gefingert und stark zerteilt, Blüten um 3 cm.

⤨ Wald-Anemone (*A. sylvestris*, Magerrasen): höher und großblütiger, vielerorts ausgestorben; **Gelbes W.** ↓ (*A. ranuculoides*, Laubwälder, Säume): Blüten gelb.

🕮 Bildet im Wald vor dem Laubaustrieb dichte Blühteppiche. In Bergwiesen sowie vom Saum aus in Wiesen vordringend.

5

♃

Gewöhnliches Hornkraut *Cerastium holosteoides*

❀ Blätter gegenständig, unzerteilt, Blütenstand locker, Blütenblätter fünf, bis maximal zur Hälfte gespalten, etwa so lang wie der Kelch.

⤮ →Gras-Sternmiere; **Knäuel-H.** ↓ (*C. glomeratum*, Ruderal- und Störstellen): drüsenhaarig, Blütenstand dicht; **Acker-H.** ⇊ (*C. arvense*, Äcker, Raine, Magerrasen): Blütenblätter doppelt so lang wie der Kelch. →Vogelmiere.

🕮 Die Frucht der Hornkräuter ist hornförmig gebogen ↓ (Name!).

5

alle

5

♃

Gras-Sternmiere *Stellaria graminea*

❀ Pflanze niederliegend, schlaff, Blätter gegenständig, schmal, Blüten knapp 1 cm, Blütenblätter gespalten (daher scheinbar zehn).

⤮ →Gew. Hornkraut; →Vogelmiere; **Echte S.** ↓ (*S. holostea*, Wälder, Säume, Raine): aufrecht, Blätter steif, Blüten ca. 2 cm, Blütenblätter nur halb gespalten; **Quell-S.** ↘ (*S. alsine*, u. a. Nasswiesen): Blüten unter 5 mm, Blütenblätter kürzer als Kelchblätter.

🕮 Klimmt an anderen Pflanzen hoch.

5

4

3

♃

Vogelmiere *Stellaria media agg.*

❀ Stängel niederliegend, Blätter ↓, Blüten ca. 5 mm, Blütenblätter gespalten, nicht länger als Kelch.

⤨ →Sternmieren; →Hornkräuter; **Dreinervige Nabelmiere** ↘ (*Moehringia trinervia*, Wälder): Blätter mit drei Längsnerven, Blütenblätter ungespalten; ⇒Quendel-Sandkraut.

🕮 Sehr häufige Acker-/Ruderalpflanze, auch in Weiden. Samen gern von Vögeln gefressen (Name!). Heilpflanze bei Lungenleiden.

alle

7

8

Gewöhnliches Leimkraut *Silene vulgaris*

❀ Blätter gegenständig ↙, Kelch kugelig.

⤨ **Weiße Lichtnelke** ↓ (*S. latifolia*, Raine): Kelchnerven erhaben; **Nickendes Leimkraut** ↘ (*S. nutans*, Magerrasen, Säume): Blütenblätter gerollt; ⇒Gew. Seifenkraut (Raine): blassrosa.

🕮 In Magerwiesen/-rasen und an Rainen. Heißt auch Taubenkropf (Kelch wirkt wie ein aufgeblasener Taubenkropf). Blüten mit reichlich Nektar, von Nachtschmetterlingen und Bienen bestäubt. Blätter als Wildgemüse.

Weiße L.

Nick. L.

4

4

♃

Doldiger Milchstern *Ornithogalum umbellatum*

❀ Blütenstand schirmförmig, Blüten sternförmig, weiß (Name!), außen grün gestreift ←.

⤮ **Schneeglöckchen** ↓ (*Galanthus nivalis*, in D fast nur als verwilderte Zierpflanze): Blüten hängend, scheinbar nur 3 Blütenblätter.

🕮 Zwiebelpflanze. Meist in der Nähe von Parks und Gärten. Als Zierpflanze genutzt und hierdurch eingebürgert. Brutzwiebeln werden von Wühlmäusen verbrei-tet, die in unserem Klima nur selten gebildeten Samen von Ameisen.

5

7

7

♃

Weiße Narzisse *Narcissus poeticus* agg.

❀ unverkennbar.

⤮ .**Gelbe N.** = Osterglocke ↙ (*N. pseudonarcissus*, Wiesen, wild nur Vogesen, Hunsrück, Eifel, sonst verwilderte Zierpflanze); **Eisenhutblättriger Hahnenfuß** ↓ (*Ranunculus aconitifolius*, u.a. Feuchtstellen in süddt. Bergwiesen): Zwilling *R. platanifolius* (nur Wälder).

🕮 Kleinart Stern-N. (*N. radiiflorus*) nur Schwarzwald & Vogesen. Die südosteuropäische Dichter-N. ← (*N. poeticus*) in D verwildert.

5

6

5

♃

Echte Zaunwinde *Calystegia sepium*

❀ Pflanze windend, Blütenvorblätter („Kelch") groß ↙, Blüten groß, trichterförmig, weiß

⤭ **Acker-Winde** ↓ (*Convolvulus arvensis*, Raine, Wiesen, Äcker): Blütenvorblätter klein ⇊, Blüten weiß mit rosa Bereichen ↘.

📖 Stängelspitze kreist links herum, mit einem Umgang in 2 Stunden. Pflanze u. a. in Auwäldern und an Rainen. Auch, meist an Gräsern hochwindend, in spät gemähten/verbrachten Wiesen oder in Heuwiesen nach dem 1. Schnitt.

Weiß-Klee *Trifolium repens*

❀ Blätter am kriechenden Stängel, unterseits glänzend (bei Rot-Klee matt) ←← , Stiel des Blütenköpfchens blattlos.

⤭ **Schweden-K.** ↓ (*T. hybridum*, meist eingesät): Stängel beblättert; **Berg-Klee** ↘ (*T. montanum*, Magerrasen): Stängel beblättert, wollig behaart; Köpfchen igelig. Ockergelber Klee (*T. ochroleucon*, fast nur noch in Magerrasen / an Rainen, sehr selten): Blüten blass ockergelb.

📖 Eiweißreiche Futterpflanze. Häufig eingesät.

Weiße Waldhyazinthe *Platanthera bifolia*

❀ Stängel mit meist zwei Blättern und weißen Blüten mit langem nektarhaltigem Sporn.

⤮ Grünliche W. (*P. chlorantha*): Blätter leicht glänzend, Pollinien spreizend; **Brand-Knabenkraut** ↓ (*Neotinea ustulata*, Magerrasen, extrem selten in Mager-/Feuchtwiesen): Blütenstand weiß mit dunkelpurpurnem Schopf.

🕮 Bestäuber sind Nachtfalter (Rüssel passt in schmalen Sporn). Wächst in lichten Wäldern, Kalkmagerrasen u. Salbei-Glatthaferwiesen.

5~

7

alle

⚠

♃

Wiesen-Augentrost *Euphrasia rostkoviana*

❀ Äste mehr zur Seite abstehend, Blätter grün.

⤮ **Steifer A.** ↓, ↘ (*E. stricta*, Magerrasen): Äste mehr aufrecht abstehend, Pflanze und Blätter dunkelweinrot überlaufen.

🕮 Blüten erinnern an Augen mit Wimpern. Tatsächlich auch Heilpflanze gegen Augenentzündungen. Schmarotzt auf Wiesenpflanzen. Früher in Wiesen häufig. Heute meist nur noch an mageren Wiesenrändern.

alle

alle

4

2

⊙

Kleine Sommerwurz *Orobanche minor*

❀ Pflanze ohne Blattgrün, vertrocknet wirkend.

⤮ In Magerrasen und an Säumen kommen mehrere weitere Sommerwurz-Arten vor.

📖 Auch Kleewürger genannt. Als Vollschmarotzer (betreibt keine Photosynthese) ernährt sich die Pflanze meist von eingesätem Rot-Klee und unterdrückt dessen Wachstum. Pflanze eher selten, jedoch vermutlich oft übersehen.

5

7

5

⚠

⊙

Kohl-Kratzdistel *Cirsium oleraceum*

❀ Pflanze und Blätter groß, nicht stechend – kohlblattartige Blütenstandshülle (Name!).

⤮ Nördlich der Alpen unverwechselbar.

📖 Ungemäht sehr groß und reichköpfig werdend, im 2. Aufwuchs aber meist nur hüfthoch. Verträgt moderate Düngung. Im Grünland trotzdem starker Rückgang durch Wiesentrockenlegung (Drainage). Nahrungspflanze für den Distelfink.

7

7

5

2

♃

Ausdauerndes Gänseblümchen *Bellis perennis*

❀ Stängel blattlos, meist kurz.

⤮ →Wiesen-Margerite; **Einjähriges Berufkraut** = Feinstrahl ↓ (*Erigeron annuus*, u. a. spät gemähte Wiesen): hoch, reich verzweigt. Aggressiver Neubürger aus N-Amerika.

🕮 Lat. *bellus* = schön. Wegen geringer Größe in schwachwüchsigen oder häufig gemähten Wiesen sowie in Weiden. Einzige Wiesenpflanze, die rund ums Jahr blühen kann. Blätter als Salat, Blüten zur Schleimlösung.

5

alle

6

♃

Wiesen-Margerite *Leucanthemum vulgare* agg.

❀ Stängel beblättert, lang.

⤮ →Gänseblümchen

🕮 Tiefwurzler. Name: griech. *leukos* = weiß, *anthemos* = Blüte. Pflanze früher häufig, deshalb auch Wucherblume genannt. Wird in mehrere Kleinarten aufgeteilt: *L. vulgare s.str.* mit wenig tief und *L. ircutianum* (feuchteliebend und kalkmeidend) mit tief eingeschnittenen Blattzähnen. In Bergwiesen weitere Kleinarten.

4

alle

3

♃

Gewöhnliche Schafgarbe *Achillea millefolium*

❀ Blätter fiederförmig mit vielen schmalen Ab-schnitten ↓, „Einzelblüten" ca. 0,5 cm ↘, bilden einen schirmförmigen Blütenstand.

⤭ →Sumpf-Schafgarbe. Bei den Doldenblütlern (Kerbel, Kümmel, usw.) gehen die Blütenstiele von einem Punkt aus.

📖 Im 2. Aufwuchs oft aspektbestimmend. Dürre, von Schafen blattlos gefressene Blütenstände erinnern an im Feld stehende Garben (= Getreidehalmbündel, Name!).

4

ab

5

2

♃

Sumpf-Schafgarbe *Achillea ptarmica*

❀ Blätter nur gezähnt bis leicht eingeschnitten ↓, „Einzelblüten" ca. 1 cm ↘, bilden einen lockeren Blütenstand.

⤭ →Gewöhnliche Schafgarbe

📖 Eher selten in feuchten bis nassen, mageren Wiesen sowie in Streuwiesen. Bevorzugt späte Mahd, erträgt aber z.T. auch Heunutzung. Man sagt, der griechische Held Achilles habe mit Schafgarbe seine Wunden behandelt (Name!)

8

4

2

⚠ 2

♃

Wiesen-Labkraut *Galium album*

❀ Pflanze aufrecht, sechs bis acht schmale Blätter in Quirlen ↓, Pflanze sehr reichblütig.

⤮ **Kletten-L.** ↘ (*G. aparine*, nährstoffreiche Säume): Pflanze schlaff, meist liegend, beim Nachobenstreichen durch rückwärtsgewandte Stacheln stark klettend, viele kleine Teilblütenstände entlang des Stängels; →Moor-/Sumpf-L.

🕮 Enthält Labferment (Name: *gala* = Milch) und wurde früher zur Käseherstellung verwendet. Kletten-L. haftet an Kleidung etc.

4

7

alle

2

♃

Moor-Labkraut *Galium uliginosum*

❀ Stängel dünn, beim Nachobenstreichen durch rückwärtsgewandte Stacheln leicht klettend, Blätter meist zu sechs im Quirl, mit Spitzchen ↓, Blütenstand im oberen Stängelbereich. Blüten trichterförmig (bei Wiesen-L. radförmig).

⤮ **Sumpf-L.** ↘ (*G. palustre* agg., div. Nassstandorte): Blätter meist zu vier im Quirl, ohne Spitzchen.

🕮 Wächst in Nasswiesen, Streuwiesen und an anderen Nassstandorten.

8~

alle

2

2

♃

Harzer Labkraut

Galium harcynicum

❀ Bildet dichte Teppiche aus kleinen ovalblättrigen Rosetten ↓, Stängel relativ kurz und eher wenig verzweigt.

⤨ →andere Labkräuter

🕮 Wächst in sauren Magerrasen und Magerweiden, vor allem in den Mittelgebirgen, aber auch im norddeutschen Tiefland. Z.B. in Wäldern oder Magerrasen gibt es noch viele weitere Labkraut-Arten, darunter auch den bekannten Waldmeister (*Galium odoratum*).

5

2

3

♃

Pyrenäen-Leiblatt

Thesium pyrenaicum

❀ Bildet dichte Stängelbüschel, Blätter nur mit einem Nerv, Blüten fünfzipfelig, Blütenblatt-**K**rönchen mindestens so lang wie **F**rucht ←.

⤨ Mittleres L. (*T. linophyllon*, div. Magerrasen): Stängel entfernt stehend, Krönchen viel kürzer als Frucht; Alpen-L. (*T. alpinum*, Magerrasen, meist Bergland, selten): Blüten i.a. vierzipfelig Bayerisches L. (*T. bavarum*, warme Säume und Wälder): Blätter mit drei parallelen Nerven.

🕮 Samen werden durch Ameisen verbreitet.

4–

4

2

♃

Echtes Mädesüß *Filipendula ulmaria*

❀ Über 1 m hoch (im 2. Aufwuchs z.T. auch etwas niedriger), Blätter fiederförmig mit großen Teilblättchen ↓, Einzelblüten maximal 1 cm, mit 5 Blütenblättern ↘.

⤨ →Kleines Mädesüß

🕮 Auch Spierstaude genannt. Riecht beim Mähen süß und süßt den Met = Honigwein (Name!). Blüten aromatisch duftend; enthalten Salicylsäure gegen Kopfschmerzen.

8

alle

5

2

♃

Kleines Mädesüß *Filipendula vulgaris*

❀ Deutlich unter 1 m hoch, Blätter fiederförmig mit kleinen, stark gezähnten Teilblättchen ↓, Einzelblüten über 1 cm, mit 6 Blütenblättern ↘.

⤨ →Echtes Mädesüß

🕮 Heißt wegen knolliger Wurzelverdickung auch Knolliges Mädesüß. Wegen Grünlanddüngung heute sehr selten.

3~

8

2

⚠

♃

Sumpf-Baldrian *Valeriana dioica*

❀ Pflanze niedrig, Grundblätter ungeteilt ↙↙, obere fiederförmig.

⤭ **Echter B.** ↓(*V. officinalis* agg., Feuchtstandorte, besonders Gräben): Pflanze über 1 m hoch, alle Blätter fiederförmig.

🕮 Pflanze zweihäusig: Männliche mit 3 mm großen rosa und weibliche mit 1 mm großen weißen Blüten. Es gibt auch Zwitterpflanzen. Blütenstiele gehen nicht von einem Punkt aus (Unterschied zu Doldenblütlern, S. 71 u. – 76).

8

5

2

♃

Große Sterndolde *Astrantia major*

❀ Nördlich der Alpen unverkennbar.

⤭ Bayerische S. (*Astrantia bavarica*, Gebirgswiesen und Gebüsche der Kalkalpen, sehr selten): Pflanze in allen Teilen kleiner, Blattlappen bis zum Stielansatz nicht miteinander verwachsen.

🕮 Auch in Wäldern und an Säumen. Trotz ihrer untypischen Blätter und Blütenstände gehört die Pflanze zu den Doldenblütlern.

6

8

5

♃

Wald-Engelwurz *Angelica sylvestris*

❀ Blattstiel mit großer Scheide ↙ (wie beim Bärenklau) und oben mit Rinne. Einzelblüten klein.

⤨ →Wiesen-Bärenklau

🕮 Alte Heilpflanze, insbesondere die verwandte Echte Engelwurz (*A. archangelica*, lat. *angelus* = Engel, Name!). Wurzeln bitterstoffhaltig: gegen Magenleiden verwendet (auch als Likör). Bei Überdosierung giftig. Junge Blätter essbar, würzig.

8

alle

4

2

♃

Giersch *Aegopodium podagraria*

❀ Anhand der Blätter ← leicht zu erkennen.

⤨ Blätter etwas ähnlich →Wald-Engelwurz; **Behaarter-Kälberkropf** ↓ (*Chaerophyllum hirsutum*, Bergwiesen, Wälder): Blätter rauhaarig, ähneln denen des →Wiesen-Kerbels, sind aber gleich breit wie lang, Blüten randlich behaart↙ (Lupe!).

🕮 Wegen der Grundblattform← auch Geißfuß genannt. Säume, dringt auch in schattige/ verbrachte Wiesenbereiche ein (wie →Gold-Kälb.).

6

7

8

♃

Wiesen-Bärenklau

Heracleum sphondylium

❀ Blätter fiederförmig mit großen Blättchen ↳, Blattstiel mit großer Scheide ←, Einzelblüten über 5 mm, äußere Blütenblätter zweilappig ↙.

⤮ **Riesen-B.** ↘ (*H. mantegazzianum*, Wälder, Raine): über 2 m hoch, Blätter sehr groß mit spitzen Lappen, Saft allergieauslösend; →Wald-Engelwurz; →Pastinak

🕮 Überdüngungszeiger. Gutes Kaninchenfutter. Alte Heilpflanze gegen Durchfall. In der Scheide des Blattstiels häufig viele Insekten.

2

♃

Wiesen-Kerbel

Anthriscus sylvestris

❀ Stängel unten ungefleckt, fein behaart ↓, Blätter groß, farnartig fiederförmig ↙.

⤮ **Gold-Kälberkropf** ↘ (*Chaerophyllum aureum*, Säume, spät gemähte Wiesen): Stängel unten dunkelfleckig und borstenhaarig ↘; →Behaarter Kälberkropf.

🕮 Durch Gülle gefördert („Mieschdbriaschdengl"). Im Futter unbeliebt. Lat. *sylvestris* = wild, im Gegensatz zum Garten-Kerbel.

♃

Wiesen-Silau *Silaum silaus*

❀ Blätter groß, fiederförmig (mehrfach geteilt), Blüten sehr klein, blass grünlichgelb-weiß.

⤮ Kümmelblatt-Silge (*Selinum carvifolia*, Streu- und Nasswiesen, sehr selten): Stängel mit Flügelleisten, Blätter wie Silau, Blüten weiß.

🕮 In Süddeutschland auch Wiesen-Silge genannt. Mag tonige Böden. Mit dem Kleinen Mädesüß und dem Weichen Pippau eine der am stärksten gefährdeten Wiesenpflanzen! Selten.

alle ~

7

3

⚠ 2

♃

Bärwurz *Meum athamanticum*

❀ Blätter aromatisch duftend, Blattzipfel kurz, fadendünn↓, Blüten weiß oder gelblichweiß.

⤮ Bei anderen Doldenblütlern mit fädlichen Blattzipfeln (z.B. Fenchel) sind diese deutlich länger und weniger dicht gedrängt (Ausnahme: die Steinschuttpflanze Augenwurz).

🕮 Geschützt! Heilpflanze für die Verdauung. Aus der Wurzel wird der Bärwurzschnaps hergestellt. Die aromatischen Blätter dienen als Gewürz.

5

3

3

⚠

♃

Wiesen-Kümmel *Carum carvi*

❀ Niedriger und zarter als die anderen Doldenblütler auf Wiesen (außer Kl. Bibernelle), Blätter unbehaart, Blattabschnitte bilden an der Basis ein Kreuz ↓, Blütenstand locker.

⤮ →Wilde Möhre; entfernt: →Gew. Schafgarbe; →Bärwurz; Sumpf-Brenndolde (*Cnidium dubium*, Stromtalwiesen, sehr selten): u.a. längere Blattzipfel (Bestimmungsbuch verwenden!)

🕮 Fehlt in tiefen Lagen. Wurzel essbar. Früchte als Gewürz.

5

alle

6

2

Wilde Möhre *Daucus carota*

❀ Blätter behaart, ohne "Kümmelkreuz" ← (vgl. Wiesen-Kümmel), Blütenstand dicht, mit „Nest" aus verzweigten Hüllblättern ↙, Mittelblüte der Dolden schwarz ↘ („Mohrle").

⤮ →Wiesen-Kümmel; entfernt: →Gewöhnliche Schafgarbe.

🕮 Wurzel verdickt, mit Möhrengeruch, aber ohne orange Farbe. Wildform der Kulturmöhre = Karotte. Wichtigste Nahrungspflanze für die Schwalbenschwanz-Raupe.

4

alle

4

2

Große Bibernelle *Pimpinella major*

❀ Blätter fiederförmig, die oberen mit schmaleren, die unteren mit breiten und scharf gezähnten Teilblättchen ←.

⤮ →Kleine B.

🕮 Junge Blätter als Gemüse oder Salat. Wichtige Heilpflanze. Scharf schmeckende Wurzel gegen Husten oder für Gurgelmittel. In intensiver genutzten Wiesen kaum anzutreffen. Ist mit dem Anis (*Pimpinella anisum*) verwandt.

5

7

6

♃

Kleine Bibernelle *Pimpinella saxifraga*

❀ Blätter fiederförmig, die unteren ↙ wie die des →Kleinen Wiesenknopfs (allerdings keine auffällige Rosette bildend), die oberen ↙↙ klein mit sehr schmalen Teilblättchen.

⤮ →Große Bibernelle

🕮 Wächst in Magerrasen und mageren Wiesen. Verwendung wie bei Großer Bibernelle.

3

alle

2

2

♃

Kuckucks-Lichtnelke *Silene flos-cuculi*

❀ Blätter unzerteilt, gegenständig, fünf schmale, geschlitzte (daher scheinbar zehn) Blütenblätter.

⤮ Pracht-Nelke (*Dianthus superbus*, Streu-/Magerwiesen, Säume, sehr selten): Blüten hellrosa, am Ende bärtig zerschlitzt.

🕮 Kuckucksspeichel ↓ (*flos cuculi*) ist der Schaum der Schaumzikade, in welchem sich die Larve schützt (→Wiesen-Schaumkraut). Wer den Schaum ausbreitet, kann sie dort finden!

Rote Lichtnelke *Silene dioica*

❀ Blätter unzerteilt, gegenständig, fünf bis zur Hälfte gespaltene Blütenblätter.

⤮ **Gew. Pechnelke** ↓ (*Silene viscaria*, saure Magerrasen, sandige Raine, selten): Klebrige Leimringe am Stängel, Blüten leuchtend purpurrot.

🕮 Pflanze der Bergwiesen. In tieferen Lagen in Säumen und an Bachufern. Lat. *dioica* = zweihäusig bezieht sich auf das Vorkommen von männlichen und weiblichen Pflanzen.

Moschus-Malve *Malva moschata*

❀ Blätter zerteilt, Stängelblattabschnitte schmal ↙, Blüten ca. 5 cm groß, Außenkelchblätter schmal ↘↘

⤮ **Rosen-M.** ↓, ↘(*M. alcea*, Raine): Stängelblattabschnitte und Außenkelchblätter breit. Wilde M. (*M. sylvestris*, Raine, Ruderalstellen): Blätter rundlich, nicht zerteilt, sondern gelappt.

🕮 Nur in spät gemähten Wiesen, Weiden und an Rainen. Blüten mit Moschusduft. Enthält reizmindernde Schleimstoffe gegen Husten.

4

7

4

♃

Raue Nelke *Dianthus armeria*

❀ Stängel und Blätter rauhaarig, jeweils mehrere Blüten büschelig gehäuft, Blüten klein, purpurn mit Punkten.

⤮ **Heide-N.** ↓ (*D. deltoides*, saure Magerrasen): Blüten einzeln stehend, mit dunklem Ring ↓; **Karthäuser-N.** ↘ (*D. carthusianorum*, Magerrasen): Stängel und Blätter kahl, Blüten büschelig gehäuft mit braunen Hochblättern.

🕮 An Säumen, Rainen, aber auch auf tonigen Böden von mageren Weiden. Sehr selten!

5

alle

3

Bach-Nelkenwurz *Geum rivale*

❀ Blüten hängend, glockig, Blütenblätter rosa.

⤨ Blühend unverwechselbar. **Echte N.** ↓ (*G. urbanum*, Säume, Raine): Blätter ähnlich, Blütenblätter flach ausgebreitet, gelb.

🕮 Die hakigen Griffel der Früchte ← dienen der Klettverbreitung. Das Rhizom enthält Nelkenöl gegen Zahnfleischentzündung oder als Gewürznelkenersatz (Name!). Volksname "Kaminfegerle" (Form des Fruchtstandes).

8–

alle

4

Gewöhnlicher Beinwell *Symphytum officinale*

❀ Blattstiel als Flügelsaum am Stängel herablaufend; rötlichviolette ← oder gelblichweiße Glockenblüten.

⤨ Futter-B. (*S.* × *uplandicum*, Futterpflanze, z.T. verwildert): ohne Flügelsaum am Stängel; **Schachblume** ↓ (*Fritillaria meleagris*, wechselfeuchte Auenwiesen, selten): unverkennbar.

🕮 Blätter eiweißreich. Heilpflanze bei Prellungen und Zerrungen. Früher und bei Knochenbrüchen (griech. *symphytos* = zusammengewachsen).

7

alle

8

Herbst-Zeitlose *Colchicum autumnale*

❀ Große breite Blätter mit Fruchtkapsel ↙, Blüte ← erst im Spätsommer.

⤮ **Krokusse** ↓(*Crocus* spec., verwilderte Gartensippen): zur Blüte mit Blättern.

🕮 Blüten ab August. Blätter im Frühjahr. Enthält Alkaloid Colchicin (starkes Gift, dichte Vorkommen futterschädlich, medizinisch gegen Herzbeutelentzündung und Gicht, in Pflanzenzucht zur Erbgutveränderung). Starker Rückgang. In Magerwiesen gelegentlich Zunahme.

6~

7

alle

2

♃

Gewöhnlicher Blutweiderich *Lythrum salicaria*

❀ Blätter relativ schmal ↓, meist gegenständig, Blüten in langen Ähren mit oft hunderten von Blüten.

⤮ Blühend unverwechselbar, nicht blühend vgl. →**Gew. Gilbweiderich** ↘.

🕮 Guter Nektarspender für Insekten. Samen mit Schleimhaaren, die an Wasservögeln festhaften. Wurzeln gerbstoffreich und in der Volksmedizin als blutstillendes Mittel genutzt. Auch gegen Durchfall.

8~

6

alle

♃

Breitblättriges Knabenkraut *Dactylorhiza majalis*

❀ Blätter breit, schwarz gefleckt, Blüten mit über 2 mm dickem Sporn ←.

⤨ **Kleines K.** ↓ (*Orchis morio*, Magerwiesen, Magerrasen, sehr selten): Blüten außen gestreift ↘; Geflecktes & Fuchssches K. (*D. maculata* & *fuchsii*, Säume, Wälder): Blätter schmaler, Sporn unter 2 mm dick; Steifblättr. K (*D. incarnata*, Nasswiesen, sehr selten): Blätter ungefleckt, steif aufwärts gerichtet.

🕮 Nasswiesenpflanze. Starker Rückgang.

3~

7

3

♃

Roter Zahntrost *Odontites vulgaris*

❀ Blätter im Blütenstand kürzer als Blüten, blüht im August/September.

⤨ Acker-Z. (*O. verna*, Äcker, selten): Blätter im Blütenstand länger als Blüten, blüht im Juni/Juli.

🕮 Meist auf Lehmböden. In Weiden und Wiesen, häufig an Trittstellen. Schmarotzt auf anderen Pflanzen. Früher als Heilpflanze gegen Zahnleiden angewendet (Name!).

5~

2

⊙

Gewöhnlicher Wiesenknöterich *Bistorta officinalis*

❀ Stängel mit Knoten (griech. *polys* = viel, *gony* = Knie/Knoten, Name!), Grundblattstiel mit Flügelsaum ↙.

⤮ **Wasser-K.** (*Persicaria amphibia*): Landform ↓↓: Blätter behaart ↓, Blattstiel ungeflügelt, meist nicht blühend, in feuchten Wiesen. Wasserform ↘ mit Schwimmblättern.

📖 Gutes Viehfutter, Bienenweide, Wildgemüse. Wegen langem, schlangenförmigem Rhizom auch Schlangen-Knöterich genannt.

7

5

5

♃

Rot-Klee *Trifolium pratense*

❀ Stängel aufrecht, beblättert ← (beim Weiß-Klee Blattstiele "vom Boden aus"!).

⤮ **Mittlerer K.** ↓ (*T. medium*, Säume): Teilblättchen mehr als zweimal so lang wie breit; Schweden-K. (→Weiß-K.).

📖 Eiweißreiche Futterpflanze, die auch vielfach als Kultursorte eingesät wird. Kleearten und andere Schmetterlingsblütler besitzen Knöllchenbakterien, mit denen sie Luftstickstoff in Form von Nährstoff binden können.

5

alle

alle

2

♃

Futter-Esparsette *Onobrychis viciifolia*

Honigbiene (*Apis mellifera*)

❀ Blätter fiederförmig, mit Endblättchen statt Ranke ↓, meist über 7 Teilblättchenpaare, die über 1 cm langen Blüten am Stängelende gehäuft ↘ (= Blütentraube).

⤮ Berg-E. (*O. montana*, Magerrasen): zierlicher, höchstens sieben Teilblättchenpaare.

🕮 In mageren Wiesen und Kalkmagerrasen. Früher als Eiweißfutter angebaut. Wurzelt bis 4 m tief, daher trockenresistent.

Dornige Hauhechel *Ononis spinosa*

❀ Stängel bogig bis aufrecht, mit Dornen ←, Blätter kleeblattähnlich, Blüten zu zweit oder dritt zusammen und am Stängelende gehäuft.

⤮ **Kriechende H.** ↓ (*O. repens*): Stängel niederliegend aufsteigend, ohne Dornen, Blüten meist einzeln und nicht gehäuft.

🕮 Beide Arten wachsen in Magerweiden, an Rainen und in Moorwiesen und bilden auch Mischformen aus.

Berg-Platterbse *Lathyrus linifolius*

❀ Blätter fiederförmig, ohne Ranke, Stängel mit Flügelleisten, Blüten mit auffälligem Farbwechsel von hellpurpur nach trübblau ↓.

⤮ ⇛Breitblättr. P. (*L. latifolius*, Ruderalstellen): Stängel breit geflügelt, Blattranke; Wald-P. (*L. sylvestris*, Säume): Blattranke, Blüten gelblichgrün, rot überlaufen; entfernt: ⇛Bunte Kronwicke (*Coronilla varia*, Magerrasen, Raine, Säume).

📖 In Wiesen und Weiden seltener Magerkeitszeiger. Im Wald häufiger.

5

3

2

Vogel-Wicke *Vicia cracca*

❀ Zahlreiche Blüten in langer Traube, Blütenstand+Stiel etwa so lang wie Blatt darunter, Blütenfahne kürzer als Teil dahinter ↓, Ranke! ↙.

⤮ **Feinblättrige W.** ↓↓ (*Vicia tenuifolia*, Säume, Kalkmagerrasen): Blütenstand+Stiel etwa doppelt so lang wie Blatt darunter, Blütenfahne so lang wie Teil dahinter; →Futter-Esparsette; ⇛Geißraute (*Galega officinalis*): Endblättchen!

📖 In Wiesen, Äckern und an Rainen. Besitzt kugelige und daher rollende Samen.

6

alle

alle

Schmalblättrige Wicke *Vicia angustifolia*

❀ Blätter mit Endranke, Teilblättchen unter 5 mm breit, Blüten einzeln oder zu zweit stehend, maximal 17 mm lang, purpurn, Kelchzähne schmal und gerade ↓.

⤨ →Zaun-Wicke; Saat-Wicke (*Vicia sativa*, Äcker, Wiesen): Teilblättchen mindestens 5 mm breit, Blüten mindestens 18 mm lang.

🕮 Oft mit der →Zaunwicke verwechselt.

Zaun-Wicke *Vicia sepium*

❀ Blätter mit Endranke, Blüten zu mehreren in Gruppen, violett, Kelchzähne gekrümmt ↓.

⤨→Schmalblättrige W.; ⇒Rauhaarige W. (*V. hirsuta*, Hülsen zweisamig, behaart); ⇒Viersamige W. (*V. tetrasperma*, Hülsen unbehaart): beide: u. a. an Rainen, Blüten ca. 2 mm.

🕮 Überlebt durch Hochranken Vergrasung in Brachen. Eiweißreiche Futterpflanze. Volksname Ameisenleiter: Ameisen nehmen an Nektardrüsen an den Nebenblättern Nahrung auf ↓.

Gewöhnlicher Thymian *Thymus pulegioides*

❀ Blätter kürzer 1 cm, kaum behaart, mit würzigem Geruch, Blattrand kaum umgerollt.

⤨ Echter T. (*T. vulgaris*, Gewürzpflanze): Blattrand stark umgerollt. Breitblättriger T. (*T. froelichianus*, Magerrasen): Blätter dicht behaart, oft Zitronenduft; **Gew. Dost** ↓ (*Origanum vulgare*, Magerrasen, Säume): Blätter länger 2 cm, seitliche Blütenstände vorhanden.

🕮 Trockene Wiesen und insbes. Weiden, Magerrasen, Säume. Häufig auf Ameisenhügeln.

4

alle

1

♃

Heilziest *Betonica officinalis*

❀ Grundblätter lang gestielt, ein bis zwei weit entfernte Stängelblattpaare, Blätter ↙ waagrecht abstehend, mit breiten, stumpfen Zähnen, Blüten dunkelrosa bis rot, in Scheinähren.

⤨ **Sumpf-Ziest** ↓, ↘ (*Stachys palustris*, ungemähte Nassstellen): mehrere Stängelblattpaare, Blätter aufrecht abstehend; ⇒Taubnesseln.

🕮 Alte, fast 2000 Jahre lang begehrte Heilpflanze für Atemwege, Magen-Darm u.v.m.; Im Mittelalter auch gegen Hexerei.

alle ~

alle

3

♃

Sumpf-Kratzdistel *Cirsium palustre*

❀ Pflanze stechend, Stängel bis oben beblättert, Köpfe klein, zahlreich, dicht gehäuft.

⤮ **Acker-K.** ↓, ↘ (*C. arvense*, Äcker, Weiden, Raine): Pflanze weniger stechend, Köpfe klein, lilarosa.

📖 In spät gemähten Nasswiesen und nassen Weiden auf Tonböden. Weitere Kratzdistelarten, meist an Ruderalstellen. Unterscheide: Kratzdistel: Flugschirmchenhaare federig verzweigt, bei Distel (*Carduus*) nicht federig.

8

4

3

Gewöhnliche Kratzdistel *Cirsium vulgare*

❀ Pflanze stechend, Blätter laufen als dorniger Saum am Stängel herab, Köpfe groß, purpurn.

⤮ **Bach-K.** ↓, ↘ (*C. rivulare*, Nasswiesen, vom Alpenvorland bis zur Schwäb. Alb): Stängel nur im unteren Teil beblättert, wenige relativ dicht stehende, meist nur kurz gestielte Köpfe.

📖 Im Grünland meist in Weiden als Stör-/Trittzeiger, sich reichlich vermehrend. Reine Pollenblume, die keinen Nektar enthält, im Gegensatz zur Acker-Kratzdistel.

5

7

8

2

Wiesen-Flockenblume *Centaurea jacea*

❀ Blätter unzerteilt, Kelchblätter ohne Fransen ←, Blüten purpurrot, äußere vergrößert.

⤮ →andere Flockenblumen.

🕮 Im 2. Aufwuchs oft aspektbestimmend, besonders in trockenen Jahren. Stängel hartfaserig, daher geringer Futterwert fürs Vieh. Vom Pollen der Pflanze ernähren sich hingegen mindestens 40 verschiedene Wildbienenarten!

alle

alle

alle

2

♃

Skabiosen-Flockenblume *Centaurea scabiosa*

❀ Nicht stechend, Blätter fiederförmig ↙, Kelchblätter gefranst ←, Blüten trübpurpurn.

⤮ →andere Flockenblumen; →Kratzdistelarten (diese stechend).

🕮 In Kalkmagerrasen, Mager- und Bergwiesen sowie an Rainen. Die Gattung *Centaurea* ist mit über 200 Arten artenreichste Pflanzengattung in Europa. Die jeweils arttypischen „Kelchblätter“ sind genau genommen die Hochblätter des Sammelblütenköpfchens.

3

8

4

♃

Perücken-Flockenblume *Centaurea pseudophrygia*

❀ Kelchblattanhängsel lang, kammförmig langfransig und zurückgekrümmt ←, bilden ein helles, perückenähnliches Köpfchen ↓, Köpfe ca. 2 cm breit, mit randlichen Strahlenblüten.

⤮ →Schwarze F.; Phrygische F. (*C. phrygia*, Magerwiesen, sehr selten, nur in der Lausitz): Kelchblattanhängsel kürzer, dunkel, Köpfe ca. 1,5 cm breit.

🕮 Wächst vor allem in Bergwiesen der östlichen Mittelgebirge, aber auch in Wäldern.

3

3

4

♃

Schwarze Flockenblume *Centaurea nigra*

❀ Blätter unzerteilt, Kelchblattanhängsel kammförmig ←, bilden dunkles Köpfchen ↓, keine randlichen Strahlenblüten.

⤮ → Perücken-F.; Schwärzliche F. (*C. nigrescens*, Wiesen, Magerrasen, Raine, sehr selten): Kelchblattanhängsel sich nicht überdeckend und Köpfchen daher schwarz-grün gefleckt, mit randlichen Strahlenblüten.

🕮 Vor allem in Südwestdeutschland. (Botanische Anm.: Die „Kelchblätter" sind Hüllblätter.)

5

3

4

♃

Berg-Flockenblume *Centaurea montana*

❀ Blätter mehrere Zentimeter breit. Kelchblätter grün mit schmalem schwarzem Rand und ebenso breiten Anhängseln ←. Köpfe blau.

⤮ **Kornblume** ↓ (*C. cyanus*, Äcker): Blätter nur einige Millimeter breit ↓↓.

🕮 Die hauptsächlich in lichtreichen Bergwäldern vorkommende Pflanze findet sich auch in Bergwiesen. Zudem wird sie in Gärten gepflanzt.

5

7

6

♃

Pyrenäen-Storchschnabel *Geranium pyrenaicum*

❀ Blätter meist unter 5 cm breit, gegenständig, Blüten unter 2 cm, rötlichviolett.

⤮ Kleiner S. (*G. pusillum*, Ruderalstell., Parks): Blätter unter 3 cm breit, Blüten unter 1 cm, rosa bis lila. **Gew. Reiherschnabel** ↓ (*Erodium cicutarium*, Äcker, Raine): Blätter fiederförmig.

🕮 Aus südeuropäischen Gebirgen, um 1800 als Zierpflanze eingeführt. Heute eingebürgert. Weitere kleinblütige Storchschnabelarten z.B. an Ruderalstellen, nicht jedoch in Wiesen.

5

7

8

♃

Wiesen-Storchschnabel *Geranium pratense*

❀ Blätter zerschlitzt ↓, Blüten blauviolett.

⤮ →**Wald-S.** ↘

🕮 Blüht ab Juni. Nährstoffzeiger. In (nicht durch Einsaat artenverarmten) Güllewiesen im 2. Aufwuchs oft aspektbildend. In höheren Lagen zunehmend durch Wald-S. ersetzt. Die langen Früchte ← erinnern an den Schnabel eines Storchs (Name!). Die trocknenden Fruchtblätter rollen sich ruckartig auf und schleudern die Samen weg.

5

8

7

2

♃

Wald-Storchschnabel *Geranium sylvaticum*

❀ Blätter weniger zerschlitzt ↑, Blüten rötlich violett ↓, Haare am oberen Stängel mit winzigen Köpfchen ↙ (= Drüsen).

⤮ →Wiesen-S.; **Sumpf-S.** ↘ (*G. palustre*, Säume, Nasswiesen): Hauptblüte im Juli, Blüten hellpurpurn, Stängelhaare borstig, abwärtsgerichtet, ohne Köpfchen ↘↘.

🕮 Hauptblüte im Mai. In höheren Lagen (z.B. Schwäbische Alb). Mancherorts bis auf 400 m herabsteigend.

6

6

7

♃

Feld-Ehrenpreis *Veronica arvensis*

❀ Pflanze klein, Blüten winzig, blau.

⤮ →Quendel-E.; Efeu E. (*V. hederifolia* agg., Äcker, Raine, Störstellen): Blätter efeublattähnlich, Blüten violett.

🕮 Um Licht zu bekommen, blüht die einjährige Pflanze sehr früh und ist zur Hauptblüte der Wiesen meist schon verwelkt. Die Samen werden durch Ameisen verbreitet.

alle

6

alle

❄

⊙

Quendel-Ehrenpreis *Veronica serpyllifolia*

❀ Kleine Pflanzen mit kleinen, weißen bis hellblauen, dunkelblau gezeichneten Blüten. Blätter gegenständig, fast ganzrandig.

⤮ →Feld-E; **Efeu-E.** ↓ (*V. hederifolia*, u.a. Raine, Äcker): meist niederliegend, Blätter efeublattähnlich gekerbt, Blüten klein, blau bis lila.

🕮 Blüht etwas später als der Feld-Ehrenpreis. Ehrenpreise heißen wegen der leicht abfallenden Blüten im Volksmund ironisch „Männertreu".

5

5

5

❄

♃

Gamander-Ehrenpreis *Veronica chamaedrys*

❀ Deutlich kräftiger als die vorgenannten Arten, Stängel aufrecht, zweireihig behaart, Blütenstand ohne Blätter, Blüten ca. 1 cm.

⤨ →Persischer E.; →Faden-E.; zahlreiche weitere Ehrenpreis-Arten (nicht in Wiesen vorkommend).

📖 Häufig statt Blütenstand ein Haarköpfchen ↓ ausgebildet = Galle der Gallmücke *Jaapiella veronicae*.

5

alle

alle

❄

♃

Persischer Ehrenpreis *Veronica persica*

❀ Stängel liegend, nicht wurzelnd, kräftig, zweireihig behaart.

⤨ **Faden-E.** ↓ (*V. filiformis*, Weiden, Wiesen, seit 1930 eingebürgerte Zierpflanze, ursprüngl. aus dem Kaukasus): Oft flächige Vorkommen, Stängel liegend, wurzelnd, lang und fadendünn.

📖 Seit 1805 aus dem botanischen Garten verwildert; ursprünglich aus dem Kaukasus. In Äckern, an Rainen und in güllegedüngten Wiesen mit lückiger Grasnarbe. Häufig.

5

7

7

❄

⊙

Sumpf-Vergissmeinnicht *Myosotis scorpioides* agg.

❀ Blüte fünfteilig, 4–8 mm, Kelchhaare liegen an ↙ (Lupe!).

⤨ →Wald-V.; →Acker-V.

🕮 Wechselfeuchtezeiger. Erträgt moderate Düngung. Häufig Zweitblüte. Die Blüten der Vergissmeinnicht-Arten stehen in spiralförmigen sog. Wickeln, die sich mit dem von innen nach außen stattfindenden Aufblühen strecken.

8~

alle

5

♃

Wald-Vergissmeinnicht *Myosotis sylvatica*

❀ Blüten 6–10 mm, flach, Kelchhaare abstehend ↙.

⤨ **Acker-V.** ↓ (*M. arvensis*, Störstellen, Äcker): Blüten 2–5 mm, etwas schüsselförmig, Kelchhaare abstehend; →Sumpf-V.

🕮 U. a. Raine, Waldschläge, Bergwiesen. Auch als Zierpflanze, die des Öfteren verwildert. Die gelben sog. Schlundschuppen der Vergissmeinnicht-Arten dienen als Staubbeutelattrappe zum Anlocken von Insekten.

5

alle

7

♃

Zweiblättriger Blaustern *Scilla bifolia*

❀ Zwei lange Blätter mit Kapuzenspitzen, ein Blütenstängel.

⤮ Sibirischer B. (*S. sibirica*, Zierpflanze): mehrere Blütenstängel und Blätter; **Feuer-Lilie** ↓ (*Lilium bulbiferum*, Zierpflanze, aus den Südalpen, in Bergwiesen verwildert): unverkennbar.

🕮 Seltene Pflanze der Flusstäler (sog. Stromtalpflanze), die auch weit in extensive Wiesen und Weiden hinein vordringt. Ein Liliengewächs.

7

7

7

Knäuel-Glockenblume *Campanula glomerata*

❀ Pflanze kurzhaarig, untere Blätter nicht in den Stiel verschmälert, Blüten blauviolett, die meisten in einem Endknäuel beisammen.

⤮ Borstige Glockenblume (*C. cervicaria*, Säume, extrem selten): Pflanze stechend steifhaarig, untere Blätter in den Stiel verschmälert.

🕮 Meist nur noch in Magerrasen, nur noch selten in Magerwiesen.

4

7

3

Wiesen-Glockenblume *Campanula patula*

❀ Grundblätter länglich ↓, allmählich in Stiel verschmälert. Blütenstand locker, Blüten rosalila, ca. bis zur Hälfte eingeschnitten ↙.

⤮→Rundblättrige G.; ⇛Rapunzel-G. (*C. rapunculus*, Raine, in Wiesen selten): Blütenstand schmal, fast traubig, Blüten hellviolett; ⇛Acker-G. (*C. rapunculoides*, Raine, Magerrasen): Blüten nach einer Seite gerichtet.

🕮 Gern auf Sandböden. Im 2. Aufwuchs oft kleinglockig. In Wiesen starker Rückgang!

5

7

5

Rundblättrige Glockenblume *Campanula rotundifolia*

❀ Grundblätter rundlich bis herzförmig ↓, Blütenglocken blau bis violett, weniger als ein Drittel eingeschnitten.

⤮ →Wiesen-G. Es gibt weitere Glockenblumen, die in Wäldern oder in Magerrasen vorkommen.

🕮 Kommt nur in sehr mageren Wiesen und Magerrasen vor.

alle

alle

2

♃

Kugelige Teufelskralle *Phyteuma orbiculare*

❀ Blütenstand kugelig, Blütenknopsen krallig gebogen (Name!).

⤨ →Schwarze Teufelskralle

🕮 Kalkpflanze in Bergwiesen und Magerrasen. Nördlich der Alpen wie die Bergwiesen nur noch selten anzutreffen. In den Kalkalpen häufig. Früher z.T. als Wildgemüse genutzt.

5

8

3

♃

Schwarze Teufelskralle *Phyteuma nigrum*

❀ Blütenstand zur Ähre gestreckt.

⤨ →Kugelige T.; **Ährige T.** ↓ (*P. spicatum*, Bergwiesen, Wälder, Säume): Blüten grünweiß.

🕮 In eher feuchten Wiesen (Lehmböden), besonders in den silikatischen Mittelgebirgen. Meist selten. Bestäubung durch Bienen und Schwebfliegen. Der Blütenstand der Teufelskrallen blüht von unten nach oben auf und streckt sich hierbei enorm. Die Grundblätter beider Arten sind herzförmig.

5

5

4

♃

Gewöhnliches Kreuzblümchen *Polygala vulgaris*

❀ Ohne Grundblattrosette, kleine blaue Blüten mit typischem „Bärtchen“ ←←.

⤮ **Sumpf-K.** ↓ (*P. amarella*, Kalkmagerrasen und Nasswiesen): Grundblattrosette, Blätter bitter, Blüten blau; **Schopfiges K.** ↘ (*P. comosa*, Magerrasen): An der Spitze Tragblattschopf, Blüten i. a. purpurn.

🕮 Besonders in Weiden, heute nur noch sehr selten. Griech. *polys gala* = viel Milch: früher im Milchkuhfutter geschätzt.

4

3

2

⚠

♃

Bastard-Luzerne *Medicago × varia*

❀ Dreiteilige kleeähnliche Blätter ↓, Blüten ↙ blau bis dunkelviolett, manchmal gelb.

⤮ Die Elternarten Saat-Luzerne (*M. sativa*, blaublütig, angesät) und **Sichel-Luzerne** ↘ (*M. falcata*, gelbblütig, Wildpflanze in Magerrasen): Blättchen mit zurückgesetztem Endspitzchen.

🕮 Kreuzung der o.g. Arten. Weltweit als Futterpflanze eingesetzt und in Wiesen als Eiweißpflanze eingesät. Überragt oft noch bis in den Herbst die dann kurze Wiese. Tiefwurzler (5 m)!

4

8

alle

2

♃

Rauhaariges Veilchen *Viola hirta*

Hunds-Veilchen

❀ Blätter länger als breit, behaart ↙, Blütenstiele am Grund entspringend, Blüten und Sporn verschiedenfarbig: Blüten blau, Sporn rotviolett ←←.

⤮ **Duft-V.** ↓ (*V. odorata*, verwilderte Zierpflanze, Parkrasen, Raine): Blätter so lang wie breit, unbehaart, Blüten u. Sporn i. a. dunkelviolett; **Hunds-V.** ← (*V. canina*, saure Magerrasen): Stängel liegend, Sporn gelbweißlich.

📖 Kalkmagerrasen, -Magerwiesen, Säume. **Mischformen mit Duft-Veilchen häufig!**

3

8

3

Wildes Stiefmütterchen *Viola tricolor*

Wildes St.

Acker-St.

❀ Blüten flach (vgl. Veilchen), Kelch ca. halb so lang wie unteres Blütenblatt, obere Blütenblätter i. d. R. blauviolett, unt. großer gelber Fleck.

⤮ **Acker-S.** ← (*V. arvensis*, Äcker): Kelch fast so lang wie unt. Blütenblatt, Blüten cremefarben, z.T. oben blau; **Wald-Veilchen** ↓ (*V. reichenbachiana*): Sporn dünn, violett & **Hain-V.** ↘ (*V. riviniana*): Sporn dick, gekerbt, weißl.; beide mit Stängel (vgl. Rauhaar. V.), **Mischformen häufig!**

📖 Variabel! In Bergwiesen, Dünen, an Rainen.

Wald-Veilchen

Hain-Veilchen

4

alle

alle

Kleine Braunelle *Prunella vulgaris*

❀ Oberstes Blattpaar direkt unter dem Blütenstand ←, Blüten in einem Kopf vereint, kleiner 1,5 cm lang.

⤮ **Großblütige B.** ↓ (*P. grandiflora*, Kalkmagerrasen): Oberstes Blattpaar in deutlichem Abstand zum Blütenstand ↓, Blüten mindestens 2 cm lang.

📖 Alte Heilpflanze, früher Gurgelmittel gegen Diphterie (= Halsbräune, Name!).

5

7

alle

♃

Wiesen-Salbei *Salvia pratensis*

❀ Blätter starknervig, rau ↙, Blüten mindestens 2 cm lang, zu wenigen im Quirl stehend.

⤮ Quirl-S. (*S. verticillata*, Kalkmagerrasen, selten): Blüten maximal 1 cm lang, zu 15 bis 30 je Quirl; entfernt: ⇒Gew. Natternkopf.

📖 Es treten auch rosa oder weiß blühende Formen auf. Die Staubblätter besitzen ein Gelenk, durch welches sie bei Berührung auf den Insektenhinterleib gedrückt werden ←. Hauptbestäuber sind Hummeln.

3

8

4

♃

Efeu-Gundermann *Glechoma hederacea*

❀ Blätter herz- bis nierenförmig.

⤮ Eigentlich unverkennbar; entfernt: →Kriechender Günsel.

📖 Überlebt durch bis über 1 m lange Ausläufer auch den häufigen Schnitt im Parkrasen. Früher als Wundheilmittel gebraucht (gotisch *„gund“* = Eiter, Geschwür). Blätter als Gewürz (Minzgeschmack). Mit Schokolade bestrichene Blätter auch als Wiesen-After-Eight bekannt.

6

alle

7

♃

Kriechender Günsel *Ajuga reptans*

❀ Pflanze mit liegenden Ausläufern ←, pyramidenförmiger Blütenstand, Lippenblüten scheinbar ohne Oberlippe.

⤮ →**Heide-G.** ↓ (*A. genevensis*, Magerrasen): Pflanze ohne Ausläufer, Blütenstandsblätter vorne mit zwei Buchten ↓ und daher etwas dreilappig.

📖 Auch rosa oder weiß blühende Formen. Samen durch Ameisen verbreitet. Gut schnittverträglich. Fehlt bei starker Düngung.

6

6

6

♃

Acker-Witwenblume *Knautia arvensis*

❀ Stängelblätter gegenständig, fiederförmig ↙, Blüte bläulich bis rotviolett, ohne schwarze Kelchborsten. Einzelblüte vierzipfelig.

⤮ →Wald-W.; →Tauben-Skabiose

🕮 Heutzutage besser „Wiesen-W." genannt, da in Äckern nicht mehr vorkommend. Oft fälschlich als „Skabiose" bezeichnet. Merkregel: Die Witwe hat Einen (Blütenzipfel) weniger (als die Skabiose). Die Samen werden von Ameisen verbreitet.

Gewürfelte Tanzfliege (*Empis tessellata*)

4

alle

4

♃

Wald-Witwenblume *Knautia dipsacifolia*

Große Schwebfliege (*Syrphus ribesii*)

❀ Stängelblätter gegenständig, unzerteilt ↙, Blütenköpfe rotviolett oder violett.

⤮ →Acker-W.; →Tauben-Skabiose; **Teufelsabbiss** ↓, ↘ (*Succisa pratensis*, Nass- und Magerwiesen): Köpfe (halb-) rund.

🕮 Überwiegend an Säumen und allenfalls randlich in Wiesen. Außerdem in Bergwiesen höherer Lagen.

6

6

6

♃

Tauben-Skabiose *Scabiosa columbaria*

❀ Stängelblätter gegenständig, fiederförmig ↙. Abschnitte schmaler als bei Acker-Witwenblume. Einzelblüten mit schwarzen Kelchborsten ↓, fünfzipfelig ↓.

⤨ →Acker-Witwenblume

🕮 Pflanze der Kalkmagerrasen (Köpfe dort oft armblütig), die auch in Salbei-Glatthaferwiesen vorkommt (Köpfe dort oft reichblütig ↖).

3

8

3

2

♃

Gewöhnliche Wegwarte *Cichorium intybus*

❀ Pflanze reich verzweigt mit vielen kurzlebigen Blütenköpfen, obere Blätter nicht eiförmig ↙.

⤨ Endivie (*Cichorium endivia*, als Salatpflanze kultiviert): obere Blätter breit eiförmig.

🕮 An Wegen und Rainen sehr häufig. Auch in Weiden. Kulturform = Chicorée. Früher Wurzel als Kaffeeersatz („Blümchenkaffee“).

4

8

5

2

♃

Kleine Traubenhyazinthe *Muscari botryoides*

❀ Blätter steif aufrecht, nicht länger als der Stängel.

⤮ **Weinberg-T.** ↓ (*M. racemosum* agg., Gartenpflanze, verwildert u. a. in Magerrasen): Blätter schmal, schlaff, länger als Stängel.

🕮 Im Volksmund „Baurabiable" (Süddeutschland) bzw. „Bergmännchen" (Mitteldeutschland). Ehem. Charakterart der spät gemähten Albwiesen. Auch in Magerrasen und Eichen-Hainbuchenwäldern. Heute sehr selten!

5

alle

alle

♃

Schnitt-Lauch *Allium schoenoprasum*

❀ Blätter im Querschnitt kreisrund, ohne Rippen, Blüten hellpurpurn.

⤮ **Weinberg-L.** ↓ (*A. vineale*, Raine, Säume, Weinberge): Blattquerschnitt mit Kerbe und Rippen, Blüten purpurn, Staubgefäße aus Blüten herausragend; **Gemüse-L.** ↘ (*A. oleraceum*, Raine, Säume, Weinberge): Blätter ähnl. Dachrinne, mit Rippen. Blüten wenige, lang gestielt

🕮 Verwilderte Gewürzpflanze. Dringt auch in Wiesen ein. Wildform ← in den Alpen.

alle ~

7

2

♃

Großes Zweiblatt *Listera ovata*

❀ Zwei gegenständige, elliptische Blätter.

⤨ Kleines Z. (*L. cordata*, überwiegend Nadelwälder im Gebirge, sehr selten in Fichtenforsten eingeschleppt): Pflanze in allen Teilen viel kleiner, Blätter herzförmig-dreieckig.

🕮 Unscheinbare, kalkliebende Orchidee mit Vorkommen in Wäldern, Kalkmagerrasen und Salbei-Glatthaferwiesen. Dort nicht selten.

6~

7

7

♃

Acker-Schachtelhalm *Equisetum arvense*

❀ Tannenbäumchenwuchs, erstes Astglied länger als die Stängelscheide ↓.

⤨ **Sumpf-S.** ↘ (*E. palustre*, u. a. Nasswiesen): erstes Astglied kürzer als Stängelscheide; Teich-S. (*E. fluviatile*, Nasswiesen, Verlandungsgürtel): Stängel zusammendrückbar, oft ohne Äste.

🕮 Sporenpflanze mit unterirdischen Ausläufern. Separate Sporenträgerpflanze ←. Wegen Kieselsäureeinlagerungen früher zum Scheuern von Metallgeschirr verwendet („Zinnkraut").

alle ~

alle

3

♃

Großer Wiesenknopf *Sanguisorba officinalis*

❀ Dunkelrotbraune Köpfchen.

⤮ unverwechselbar

🕮 Noch bis zum Jahr 2000 in wechselfeuchten Wiesen sehr häufig (oft zusammen mit dem Wiesen-Knöterich). Heute durch Drainage stark zurückgedrängt. Nahrungspflanze und Behausung der Schmetterlingsraupen der beiden Wiesenknopf-Ameisenbläulingsarten. Alte Heilpflanze gegen Blutungen (lat. *sanguis* = Blut, *sorbere* = aufsaugen).

6~

alle

5

2

♃

Kleiner Wiesenknopf *Sanguisorba minor*

❀ Grünliche, z.T. rot überlaufene Köpfchen.

⤮ blühend unverwechselbar, nicht blühend: Blätter ↓ ähnlich denen der →Kleinen Bibernelle, jedoch mit auffälliger Grundblattrosette.

🕮 An Wegrainen, in Kalkmagerrasen und Magerwiesen. Salat- und Gewürzpflanze, Heilpflanze, wie Großer W.; Volksname irreführend „Bibernelle“ oder „Pimpinelle“. Als Rosengewächs mit dieser (einem Doldenblütler) jedoch nicht näher verwandt.

3

8

2

♃

Gewöhnlicher Frauenmantel *Alchemilla vulgaris* agg.

❀ Blätter rundlich, gelappt, in Knospenlage gefaltet. Blüten klein, grüngelb ←.

⤨ Die Sammelart unverwechselbar (s.u.).

🕮 Blätter erinnern an Überwurfmantel (Name!). Als Tee gegen Frauenleiden eingesetzt. Pflanze scheidet in den Blattzahnwinkeln aktiv Wasser aus, das sich im wachsbeschichteten Blatt sammelt ↓. Bildet wegen besonderer Form der ungeschlechtlichen Vermehrung (sog. Apomixis) unzählige Kleinarten aus.

6

6

5

♃

Große Brennnessel *Urtica dioica*

❀ Blattbasis herzförmig.

⤨ **Kleine B.** ↓ (*U. urens*, nährstoffreiche Ruderalstellen, selten): Blätter eiförmig.

🕮 U. a. Weideunkraut an nährstoffreichen Störstellen. Gemähte Pflanzen von Weidetieren gefressen! Nahrungspflanze der Raupen von Tagpfauenauge und Kleinem Fuchs. Gute Salat- und Gemüsepflanze. Brennhaare dringen in Haut ein und injizieren Mix aus Ameisensäure, Histamin und anderen Substanzen.

6

7

9

2

♃

Spitz-Wegerich *Plantago lanceolata*

❀ Blätter viel länger als breit ↓, Nerven parallel, Stiele gefurcht, Blütenstand oval ←.

⤮ Berg-W. (*P. atrata*, Alpen): Stiele ungefurcht; Alpen-W. (*P. alpina*, Alpen): Blätter sehr schmal, fleischig, Blütenstand länglich.

🕮 Überwiegend windbestäubt. Hochwertige Futterpflanze. Blätter als Wildgemüse. Heilpflanze gegen Husten, Juckreiz, Schwellungen (Saft antibiotisch). Fruchtstände bei (noch analog spielenden) Kindern als Geschosse beliebt.

alle

alle

alle

♃

Mittlerer Wegerich *Plantago media*

❀ Blätter oval, kaum gestielt, behaart ↓, Blütenstand länglich.

⤮ →Breit-W.

🕮 Vermehrung wie die anderen beiden Wegericharten durch Wurzelsprosse. Heißt auch Weide-Wegerich, da in Weiden häufig (wegen Viehtrittstellen). In Wiesen nur an Störstellen. Auch in Trockenrasen.

4

7

3

♃

Breit-Wegerich *Plantago major*

❀ Blätter oval, lang gestielt, unbehaart ↓, Blütenstand sehr lang.

→Mittlerer W.; Kleiner W. (*P. major* ssp. *intermedia*, kalkarme nasse Tonböden): Blätter schmaler, max. 5-nervig, Blütenstand kürzer.

Tief wurzelnde, tritttolerante Pflanze an Störstellen, auf Wegen. Weltweit verschleppt. Bei den Indianern Nordamerikas früher als „Fußstapfen des Weißen Mannes" bezeichnet.

5

alle

6

♃

Vogel-Knöterich *Polygonum aviculare agg.*

Vogel-K.

Knöllchen-K.

❀ Oft Teppiche bildend, Stängel liegend bis aufsteigend, Blüten winzig, grün & weiß ←←.

Knöllchen-Knöterich ←↓ (*Polygonum viviparum*, u.a. Magerweiden, Alpen mit Vorland und Schwäb. Alb): Blütenstand mit sog. Brutknöllchen (vegetative Vermehrung), Blüten weiß.

Trittertragend und daher häufig kriechend auf Wegen sowie in Weiden. Die Samen werden durch Regen und Trittverschleppung verbreitet. U. a. auf Äckern weitere Knötericharten.

4

alle

6

⊙

Stumpfblättriger Ampfer *Rumex obtusifolius*

❀ Blätter groß ↓, Fruchtrand gezähnt ↘.

⤮ →Wiesen-Sauerampfer; →Krauser A.

🕮 Wegen Oxalsäure kaum gefressen. Tiefreichende Wurzel. Durch Verletzung der Grasnabe und durch Gülle gefördert. Neben Acker-Kratzdistel und Gew. Quecke das gefürchtetste Unkraut. Samen bis zu 50 Jahre keimfähig und in Gülle überlebend. Volksname „Halber Gaul". Nahrungspflanze für mehrere Schmetterlingsarten, Gemüse- und Heilpflanze.

6

alle

9

♃

Krauser Ampfer *Rumex crispus*

❀ Grundblätter ca. 30 cm lang, am Rand stark gewellt ↙↙, Fruchtrand ungezähnt ←←.

⤮ →Stumpfblättriger A.; **Meerrettich** ← ↓ (*Armoracia rusticana*, Gewürzpflanze, eingebürgert an Rainen und Fließgewässern): Blätter ← über 60 cm lang, Pflanze weiß blühend ↓.

🕮 In der Volksheilkunde vielfältige Verwendung. Neuerdings Antimalariawirkung entdeckt. Enthält Oxalsäure, daher leicht giftig. Pflanze heute weltweit verschleppt.

7~

alle

6

♃

Wiesen-Sauerampfer

Rumex acetosa

❀ Blätter dicklich, mit rückwärtigen Spießecken ↓, obere sitzend ↙, Fruchtrand ungezähnt ↘.

⤮ →Stumpfblättriger Ampfer; →Kleiner S.; →Alpen-S.

🕮 Wildgemüse mit hohem Vitamin-C-Gehalt. Blätter durch Oxalsäure säuerlich (fördert Nierensteinbildung). Zweihäusig, d. h. Pflanze rein männlich oder rein weiblich. Eine Pflanze produziert 300 Millionen Pollenkörner! Fruchtflügel ↘ dienen der Windverbreitung.

alle

alle

6

♃

Alpen-Sauerampfer

Rumex alpestris

❀ Blätter deutlich dünner und breiter als bei →Wiesen-S., die unteren maximal zweimal so lang wie breit.

⤮ **Kleiner S.** ↓ (*R. acetosella* agg., Sandmagerrasen, Raine): in allen Teilen kleiner als die anderen beiden Sauerampfer, Blattfläche am Ansatz mit seitwärtigen Spießecken.

🕮 Wächst in Bergwiesen, -wäldern und Hochstaudenfluren der Mittelgebirge und der Alpen.

6

8

6

♃

Wiesen-Fuchsschwanz

Alopecurus pratensis

❀ Halme aufrecht. Ährenartiger Blütenstand, sichtbare Spelzen oben mit Granne ←↓.

⤨ →Wiesen-Lieschgras; **Knick-F.** ←← (*A. geniculatus*, Ährchen mit Granne) & Rotgelber F. (*A. aequalis*, ohne deutl. Granne): Wiesenflutmulden, Stängelbasis geknickt, Scheinähre schmal.

🕮 Charakterart der nährstoffreichen feuchten Wiesen. Bildet bei Brachfallen oder Überdüngung Reinbestände. Ertragreiches, weideempfindliches Futtergras. Auch gesät.

6

6

7

♃

Wiesen-Lieschgras

Phleum pratense

❀ Ährenartiger Blütenstand, sichtbare Spelzen zweispitzig ↓ (wie ein Stiefelknecht).

⤨ →Wiesen-Fuchsschwanz; Steppen-L. (*P. phleoides*, Trockenrasen): Blütenstand schlank, max. 4 cm lang, beim Biegen lappig; Alpen-L. (*P. alpinum*): Blütenst. max. 4 cm, nicht lappig.

🕮 Blüht spät. I. d. R. als gutes, weidefestes Futtergras eingesät. Nach Abstreifen der Ährchen als „Haarzieher" verwendbar (im Gegensatz zum Fuchsschwanz).

5

alle

7

♃

Weide-Kammgras *Cynosurus cristatus*

Pyramid.-Schillergras

Weide-Kammgras

❀ Einseitswendige Scheinähre, mit kammförmigen Bildungen ↓ (= sterile Ährchen).

⤮ →Ruchgras; ; **Pyramiden-Schillergras** ←← (*Koeleria pyramidata*, Kalkmagerrasen, Raine): Scheinähre nicht einseitswendig, ohne Kämme.

🕮 Häufig (besonders in Weiden) eingesätes Untergras mit gutem Futterwert. Mag feuchte Böden. Wird bei zu viel Düngung von den Obergräsern verdrängt.

5

alle

4

♃

Gewöhnliches Ruchgras *Anthoxanthum odoratum*

❀ Klein, Scheinähre dünn, wenigblütig.

⤮ **Dreizahn** ↓ (*Danthonia decumbens*, Magerwiesen, sehr selten): Ährchen dreispitzig.

🕮 Gras der mageren Wiesen, das bei Düngung von Obergräsern verdrängt wird. Blumenwiesenzeigerpflanze! Geringer Futterwert. Nach Abblühen gelblich (griech. *anthos* = Blüte, *xanthos* = gelb, Name!). Duftet (Name!) am Stängelabriss wie Waldmeister (= Kumarin = Wühlmausgift!).

alle

5

alle

♃

Deutsches Weidelgras *Lolium perenne*

❀ Blatt unten glänzend, Ähre armblütig, dünn, Ährchen in Linie zum Stängel, ohne Grannen.

⤮ **Einjähriges W.** ↘ (*L. multiflorum*, Einsaatgras, häufig auch Zuchtbastarde mit D.W.): Ährchen mit Grannen; →**Kriech-Quecke** ↘↘; →Fieder-Zwenke.

🕮 Sehr energiereiches Futtergras, massenhaft eingesät. Derzeit Hauptverursacher des fortgesetzten Artenschwunds im Grünland. Durch Trockenheit und Spätmahd geschwächt.

5

7

7

♃

Fieder-Zwenke *Brachypodium pinnatum* agg.

❀ Ähre aufrecht, Ährchen längs zum Stängel (wie Weidelgras), mit kurzem Stiel abspreizend.

⤮ Wald-Z. (*B. sylvaticum*, Wälder): Ähre überhängend; **Kriech-Quecke** ↓ (*Elymus repens*, u. a. Störstellen): Ährchen quer zum Stängel.

🕮 In mageren Weiden, Magerrasen, Rainen und Säumen. Geringer Futterwert. Durch Verbiss und Feuer gefördert. Die Kleinart Felsen-Z. (*B. rupestre*) hat unterseits glänzende Blätter, die eigentliche Fieder-Z. (*B. pinnatum*) matte.

4

7

4

♃

Borstgras

Nardus stricta

❀ Blätter borstenförmig, sehr starr, Blattbasen im Boden stark verdickt ↓, Ährchen alle auf einer Seite, Ähre daher abgeblüht an Bürste erinnernd ↘ (Art auch Bürstling genannt).

⤮ Blattform ähnlich derer von →Schaf-Schwingel und →Draht-Schmiele.

📖 Magerweidenpflanze, geringer Futterwert, oft in großen Beständen (vor allem Mittelgebirge und Alpen). Namensgeber der Borstgrasrasen (eng mit den Heidekrautheiden verzahnt).

Blaues Pfeifengras

Molinia caerulea

❀ Bis 90 cm hoch, Halm scheinbar ohne Knoten, Blätter 3–8 mm breit, mit Mittelrinne. Rispe lange zusammengezogen, Ährchen blauviolett.

⤮ Rohr-Pfeifengras (*M. arundinacea*, lichte Wälder, Streuwiesen, Wechselfeuchtezeiger): Halme 1–2 m hoch, Blätter 8–10 mm breit.

📖 Verträgt nur einen Schnitt. Namensgeber der Pfeifengrasstreuwiesen (→S. 12). Wegen der oben fehlenden Halmknoten früher zum Pfeifenreinigen benutzt (Name!).

Gewöhnliches Knäuelgras *Dactylis glomerata*

❀ Halme u. Blätter graugrün, Halme/Blattscheiden abgeplattet ↓. Ährchen in wenigen dichten Knäueln, mit Wimpern auf den Kielen ↓.

⤮ →**Wald-K.** ↓ (*D. polygama*, Wälder, Säume): hellgrün, mehr u. kleinere Knäuel, ungewimpert ↘.

📖 Hochwertiges, oft auch gesätes Futtergras. Erträgt Trockenheit, meidet Staunässe. Bei nachlassender Nutzung oft Dominanzbestände. Wegen Leichtkenntlichkeit gehässig „Diplomlandwirtsgras“ genannt.

5

alle

6

♃

Rohr-Glanzgras *Phalaris arundinacea*

❀ Kann über 2 m hoch werden, Blatthäutchen normal-häutig ←←, Ährchen in vielen dichten und regelmäßig angeordneten Knäueln.

⤮ →Knäuelgras; **Land-Reitgras** ←↘ (*Calamagrostis epigejos*, Waldlichtungen): Ährchen lang und spitz; Schilf (*Phragmites australis*, Nassstandorte): Blatthäutchen als Haarkranz ausgebildet, Ährchen ungeknäuelt.

📖 In Herden an Stellen mit schwankendem Wasserspiegel (Bäche, Nasswiesenbrachen, ...).

8~

7

7

♃

Rasen-Schmiele *Deschampsia cespitosa*

❀ Blätter steif, mit tiefen Furchen ←, oberstes Blatt senkrecht abstehend, Rispe groß und breit, Ährchen sehr klein, etwas glänzend ←←.

⤨ →Pfeifengras (*Molinia* spec.): Blätter oft auch in Horsten, aber weicher und nur mit Mittelfurche.

🕮 Bildet bei fehlender Mahd dichte Horste ↓. Wird wegen schneidender Blätter sehr ungern gefressen.

7~

alle

3

♃

Draht-Schmiele *Deschampsia flexuosa*

❀ Blätter borstenförmig, aber sehr weich und glatt. Rispe locker mit etwas geschlängelten Ästen, Ährchen ca. 7 mm lang, mit deutlicher Granne. Pflanze verfärbt sich nach dem Abblühen oft rötlich.

⤨ Blattform ähnlich derer von →Schaf-Schwingel und →Borstgras.

🕮 Gute Zeigerpflanze für saure magere Böden. Wächst in Magerweiden, Heiden und Wäldern. Mit →Rasen-Schmiele kaum zu verwechseln.

alle

2

3

♃

Wolliges Honiggras *Holcus lanatus*

❀ Halme & Blätter blaugrün, weichhaarig ←, Rispe nach Blüte zusammengezogen ←←, Granne kurz.

⤮ →Weiches H.

🕮 Auch auf staunassen Böden und dort häufig bestandsbildend. Halme süß schmeckend (Name!). Trotz Behaarung z.T. gern gefressen (wird nicht einheitlich so gesehen). Durch rasche Samenreife gute Ausbreitung. Ungemäht Horste bildend (Unterschied zu Weichem H.).

6

alle

5

♃

Weiches Honiggras *Holcus mollis*

❀ Oft Herden bildend, Halmknoten mit Haarbärtchen, restlicher Halm kahl. Ährchen mit gut sichtbarer, geknieter Granne ↓.

⤮ →Wolliges H.

🕮 Die Art zeigt meist saure Sandböden an. Sie wächst häufig in Eichenwäldern, aber auch in Äckern und dringt vom Gehölzrand in Wiesen vor. Die Halme sind so weich und schlaff, dass sie häufig niederliegen.

5

2

3

♃

Weiche Trespe

Bromus hordeaceus

❀ Halme/Blattscheiden behaart ←. Ährchen ↓ um 1 cm lang, deren Spelzen behaart. Ährchenstiele überwiegend kürzer als Ährchen.

⤨ →Trauben-T.

📖 Einjähriges Gras mit rascher Entwicklung. Zur Heuzeit oft schon verwelkt. Daher geringer Futterwert. Als Störzeiger besonders in Weiden häufig.

alle ~

alle

4

Trauben-Trespe

Bromus racemosus

❀ Ährchen ↓ um 1 cm lang, deren Spelzen unbehaart, Ährchenstiele überwiegend länger als Ährchen.

⤨ →Weiche T.

📖 Sehr selten. Die frühere Charakterart der Nasswiesen ist durch Trockenlegung und Düngung zusammen mit ihrem Lebensraum fast überall verschwunden.

8~

5

5

Aufrechte Trespe

Bromus erectus

❀ Blattrand in Halmnähe mit abstehenden Wimperhaaren ↓, Ährchen lang und schmal, mit Grannen ↓, Staubbeutel gelb ←.

⤨ → Weiche T.; **Wehrlose T.** ↘ (*B. inermis*, Raine): Ährchen lang, unbegrannt; **Taube T.** ↘↘ (*B. sterilis*, Äcker, Ruderalstellen): Ährchen lang begrannt, Rispe stark gespreizt, überhängend.

🕮 Mag trockene Kalkböden. Charakterart der Kalkhalbtrockenrasen.

3

8

3

♃

Glatthafer

Arrhenatherum elatius

❀ Hoch, Halme und Blätter unbehaart, Ährchen groß, mit einer langen geknieten ↓ und einer kürzeren geraden Granne.

⤨ →**Goldhafer** ↘; →**Flaumhafer** ↘↘

🕮 Ertragreiches Wiesengras. Meidet starke Nässe. Fehlt in den Hochlagen. Namensgeber für die Glatthaferwiesen = Blumenwiesen. Kann bei später oder fehlender Mahd Reinbestände bilden (z.B. an Straßenrändern). Z.T. gesät. Auch "Franzosengras" genannt.

alle

7

7

♃

Flaumhafer

Helictotrichon pubescens

❀ Bodennaher Halmteil/Blattscheide und Blätter weichhaarig ←, Blätter weich, Ährchen groß, etwas rotbraun glänzend, mit je drei auffälligen Grannen ↓.

⤮ Echter Wiesenhafer (*H. pratense*, Magerrasen, selten): Halme/Blattscheiden unbehaart, Blätter steif.

🕮 Wärmeliebender Magerkeitszeiger, der nur mäßig starke Beweidung verträgt.

3

alle

4

♃

Goldhafer

Trisetum flavescens

❀ Mittelhoch, bodennaher Halmteil/Blattscheiden und Blätter weichhaarig ↓, Ährchen relativ klein, goldgelblich, mit zwei ungeknieten Grannen ↘.

⤮ →Glatthafer; →Straußgras.

🕮 Gutes Futtergras. Bevorzugt höhere Lagen. Namensgeber für die Goldhaferwiesen (Bergwiesen), die dank Intensivierung vielerorts sehr selten geworden sind. In tieferen Lagen oft angesät und sich selbst ausbreitend.

alle

alle

5

♃

Wiesen-Schwingel *Festuca pratensis*

❀ Hoch aber wenig kräftig, Blätter unter 1 cm breit, kaum gefurcht ↓, Blatt halmnah (an den sog. Öhrchen) ohne Wimpern, Rispe 10–20 cm lang, unterster Rispenast hat Seitenast mit null bis drei Ährchen, Ährchen lang und ohne Kiel (vgl. Rispengräser).

⤨ →Rohr-S.; → Rot-S.

🕮 Sehr gutes Futtergras, das auch (in vielen Sorten) gesät wird. Schwingel-Arten haben von oben betrachtet einen dreieckigen Umriss ←.

6

alle

6

♃

Rohr-Schwingel *Festuca arundinacea*

❀ Hoch und kräftig, bildet deutliche Horste, Blätter ca. 1 cm breit, deutlich gefurcht ↓ (weniger als bei →Rasenschmiele) und mit Mittelrinne, Blatt halmnah mit kurzen Wimpern ↓, Rispe über 20 cm lang, unterster Rispenast hat Seitenast mit fünf bis acht Ährchen, Ährchen lang und ohne Kiel ↘ (vgl. Rispengräser).

⤨ →Wiesen-S.

🕮 Mag Nässe, erträgt aber auch Trockenheit. Häufig auch gesät.

7~

7

5

♃

Rot-Schwingel *Festuca rubra* agg.

❀ Meist rasenbildend, zierlich, Grundblätter borstenförmig, aber weich, unter 1 mm breit ↓, Halmblätter je nach Kleinart verschieden breit, Rispe unter 10 cm lang, Ährchen lang und ohne Kiel (vgl. Rispengräser), mit Grannen ↘.

⤮ →Schaf-S.; →Wiesen-S.; Blätter des →Gewöhnlichen Rispengrases.

📖 Bildet mit seinen feinen Blättern die Grasnarbe vieler magerer Blumenwiesen. Wird durch hohe Düngung verdrängt.

alle

alle

4

♃

Schaf-Schwingel *Festuca ovina* agg.

❀ Kleiner als Rot-Schwingel, Blätter in Horsten (= büschelig stehend); alle Blätter borstenförmig und relativ starr, öfter graugrün.

⤮ →Rot-S.; →Borstgras

📖 Magerstandorte wie Magerrasen oder sehr magere Wiesen. Gern zusammen mit Borstgras. Nur von Schafen gefressen (Name!). Sammelart mit mehreren schwer unterscheidbaren Kleinarten.

alle

alle

1

♃

Wiesen-Rispengras *Poa pratensis*

❀ Blatthäutchen kurz ↓, Blattspitze kahnförmig ↙ (wie der Bug eines Kahns), Ährchen platt und mit Kiel ←.

⤮ →Gewöhnliches R.; Schmalblättriges R. (*P. pratensis* ssp. *angustifolia*, magere Böden, „Wildform"): Blätter nur ca. 2 mm breit.

🕮 Kommt auch mit hoher Düngung klar. Wertvolles Futtergras (fast wie Weidelgras). Rispengras-Arten haben von oben betrachtet einen sechs- bis achteckigen Umriss ↖.

Gewöhnliches Rispengras *Poa trivialis*

❀ Blatthäutch. 2–7 mm lang ↓. Blattspitze wenig kahnförm., Ährchen platt, mit Kiel ↖.

⤮ →Wiesen-R.; Platthalm-R. (*P. compressa*, Ruderalstellen): Halme abgeplattet.

🕮 Durch Gülle gefördert. Jung gutes Futtergras. Älter Blätter verfilzend mit muffligem Geruch („Muffelgras"). Zum Schutz vor Maikäferlarven (Engerlinge) eingesetzt. Die schmalen Blätter mit den noch schmäleren des →Rot-Schwingels verwechselbar.

Berg-Rispengras *Poa chaixii*

❀ Hohes, kräftiges Gras, Blattscheiden blaugrün, Blätter bis 1,5 cm breit, mit kahnförmiger Spitze ↙.

⤮ **Einjähriges R.** ↓ (*P. annua*, Wege, Störstellen): sehr klein, nur ein unterster Rispenast mit höchstens einem grundständigen Zweig ↓; →andere Rispengräser.

🕮 In Laubwäldern und Bergwiesen. Sehr selten. Auch als Zierpflanze in Gärten.

5

3

4

♃

Mittleres Zittergras *Briza media*

❀ unverkennbar

⤮ Großes Z. (*B. maxima*) und Kleines Z. (*B. minima*) kommen in Südeuropa vor.

🕮 Mit dem Rückgang der Magerwiesen ist die Art stark zurückgegangen. In Kalkmagerrasen häufig. Beliebtes Ziergras. Insbesondere das Große Zittergras beliebt für Trockensträuße.

alle

alle

2

♃

Rotes Straußgras *Agrostis capillaris*

❀ Keine wurzelnden Kriechtriebe, Blatthäutchen unter 1,5 mm lang, oben relativ gerade ↓, Rispe zierlich mit winzigen, rotviolett überlaufenen Ährchen ←←, nach der Blüte ausgebreitet.

⤮ →Weißes S.; entfernt: →Goldhafer

🕮 Gutes, aber wenig ergiebiges Futtergras. Auf ärmeren Böden in sauren Wiesen und Magerrasen, besonders auch im Bergland. Dichte Bestände bilden in Blüte auf der Wiese einen rotbraunen Farbschleier.

alle

4

4

2

♃

Weißes Straußgras *Agrostis stolonifera*

❀ Stets kriechende und wurzelnde Ausläufer vorhanden ↙, Blatthäutchen 2–6 mm lang, gerundet ↓, Ährchen winzig; Rispe nach der Blüte zusammengezogen ←.

⤮ →Rot-S.; Riesen-S. (*A. gigantea*, Wiesen): Hoch, Rispe größer, wegen paralleler Äste stockwerkartig; Hunds-S. (*A. canina*, u. a. Nasswiesen): Ährchen mit deutlicher Granne.

🕮 Verträgt auch Staunässe. Wegen Blüte im 2. Aufwuchs gutes Futtergras.

alle

alle

4

2

♃

Flatter-Binse *Juncus effusus*

❀ Stängel grün, etwas glänzend, beim Drehen zwischen den Fingernägeln glatt, Blütenstand „seitenständig", meist locker ←←.

⤮ **Knäuel-B.** ← (*J. conglomeratus*, u. a. Nasswiesen): Stängel leicht grau-/gelbgrün, matt, beim Drehen rau, Blütenstand geknäuelt; **Blaugrüne B.** ↙ (*J. inflexus*, u. a. feuchte Weiden): Stängel blaugrün, matt, beim Drehen sehr rau, Stängelmark gekammert ↙, Blütenstand locker.

🕮 Im Grünland meist Beweidungszeiger.

7
3
4
2
♃

Spitzblütige Binse *Juncus acutiflorus*

❀ Pflanze meist über 50 cm hoch, hellgrün ↓, Mark gekammert ↙, Blütenstand endständig, Frucht langspitzig ↓.

⤮ **Glieder-B.** ↘ (*J. articulatus*, u. a. Gräben, Nasswiesen): Pflanze maximal 50 cm hoch, dunkelgrün, Frucht kurzspitzig.

🕮 Nasswiesenpflanze. Weitere Arten an meist nassen Orten/Trittstellen. Besonders →Flatter-Binse früher zum Flechten von Körben, Fischreusen etc. (lat. *iungere* = binden, Name!).

8
5
3
⚠ 2
♃

Feld-Hainbinse *Luzula campestris*

❀ Meist unter 20 cm hoch, Blätter mit langen Haaren ←, Blütenstand mit meist drei bis fünf Köpfchen.

⤮ **Vielblütige H.** ↓ (*L. multiflora*, saure Magerrasen, Vermoorungen, selten): über 20 cm hoch, meist mehr als fünf Köpfchen.

📖 Magerkeitszeiger. Auch Hasenbrot genannt. Hainbinsen oft unpräzise Hainsimsen genannt, sind aber Binsengewächse (Stängel rund), Simsen hingegen Sauergräser (Stängel dreikantig).

4

3

3

❄

♃

Wald-Simse *Scirpus sylvaticus*

❀ Bis über 60 cm lange und 1,5 cm breite Knickrandblätter ↓ (ähnlich Leitplanke), diese oben glänzend grün, unten liniert, Blütenstand groß und locker.

⤮ Blühend kaum verwechselbar: Blütenstand binsenähnlich und Blätter seggenähnlich (→Sumpf-Segge).

📖 In Nasswiesen häufig zusammen mit dem →Wiesen-Knöterich. Verträgt keine Staunässe. Früher als gute Streupflanze geschätzt.

8

4

4

2

♃

Breitblättriges Wollgras *Eriophorum latifolium*

❀ Stängel deutlich dreikantig, Ährchenstiele beim nach hinten Streichen rau, mit 5–12 fruchtend weißhaarigen Ährchen (diese kleiner als beim Schmalbl. W.), blühend unauffällig ←←.

⤨ **Schmalblättriges W.** ↓ (*E. angustifolium*, eher saure moorige Stellen): Stängel rund, Ährchenstiele glatt, mit 3-5 Ährchen, Art häufiger!

🕮 Beide Arten an moorigen Stellen. Insbesondere im Grünland durch Trockenlegung und Düngung extrem stark zurückgegangen.

9

8

2

♃

Blaugrüne Segge *Carex flacca*

❀ Stängel blaugrün, die unteren (weibl.) Ähren an langen Stielen hängend, dunkelbraun.

⤨ **Wald-S.** ↓ (*C. sylvatica*, Wälder, z. T. Nasswiesen): Ähren rein grün, die sog. Schläuche mit langem Schnabel ↘; Hänge-S. (*C. pendula*, Wälder): viel größer und kräftiger.

🕮 In Salbei-Glatthaferwiesen, Kalkmagerrasen und Streuwiesen. Eine der am leichstesten zu erkennenden Seggen.

6~

8

4

♃

Frühlings-Segge *Carex caryophyllea*

❀ Klein, einstängelig, Tragblatt der untersten Ähre mit Scheide ←, Ähren/Spelzen hellbraun.

⤨ **Bleiche S.** ↓ (*C. pallescens*, Wälder, Magergrünland/-rasen, zeigt Bodenverdichtung an): oben eine männl., unten ein bis drei weibl. Ähren, Tragblatt überragt Blütenstand ↓, Früchte gelbgrün; Berg-S. (*C. montana*, Wälder): horstig mehrstängelig, Tragblatt der untersten Ähre ohne Scheide, Ähren/Spelzen dunkelbraun.

🕮 In Salbei-Glatthaferwiesen und Magerrasen.

4

alle

2

❄

♃

Pillen-Segge *Carex pilulifera*

❀ Bildet dichte, vielstängelige Büschel, Stängel zur Fruchtreife liegend, Tragblatt (unter den Ähren) relativ lang und abgespreizt ←, ohne Scheide, Spelzen braun.

⤨ **Gelb-Segge** ↓ (*Carex flava agg.*, div. moorige Stellen): Tragblatt mit Scheide, 1–2 hellgrüne weibl. Ähren, deren sog. Schläuche mit langem Schnabel ↓, mehrere Kleinarten.

🕮 Wächst u.a. in Borstgrasrasen und in Wäldern, stets auf sauren Böden.

5~

3

3

♃

Hirse-Segge

Carex panicea

❀ Pflanze graugrün, eine männl. Ähre (oben), Früchte ← (Schläuche) weniger und gewölbter als bei Wiesen-S., mit dunkelbraunen Spelzen, dreinarbig.

⤨ **Wiesen-S.** ↓, ↘ (*C. nigra*, u. a. Nasswiesen): Früchte mehr und flacher, mit schwarzen Spelzen, Schläuche zweinarbig.

🕮 U. a. in Nasswiesen. Überlebt leichte Düngung. Im heutigen Wirtschaftsgrünland aber oft nur noch an Grabenrändern.

8~

alle

4

♃

Sumpf-Segge

Carex acutiformis

❀ Kräftiger als →Wiesen-S., an Stängelbasis rötlich, Blätter unterseits graugrün, männl. Ähren meist mehrere, die Schläuche dreinarbig ↙.

⤨ Schlank-S. (*C. gracilis*, u.a. Nasswiesen): an Basis braun, Blätter meist grün, Schläuche zweinarbig; Steif-S. (*C. elata*): oft als Bulte (=Blattügel); **Blasen-S.** ↓ (*C. vesicaria*): weibl. Ähren gelbgrün, Schläuche langschnäbelig.

🕮 Früher als ertragreiches Sauergras zur Gewinnung von Einstreu für den Stall begehrt.

9~

7

5

♃

Behaarte Segge *Carex hirta*

❀ Graugrün, die Früchte (sog. Schläuche) der unteren (weibl.) Ähren sind dicht behaart ↓.

⤨ **Entferntährige S.** ↘ (*C. distans*, Raine, Störstellen): Schläuche unbehaart.

🕮 Vermutlich unsere häufigste Segge. In verschiedenstem Grünland, häufig auch am Wegrand. Seggen werden auch Sauergräser genannt, da sie im Gegensatz zu den Süßgräsern dem Vieh nicht schmecken. Über 100 verschiedene Arten in Dt.; oft an nassen Orten.

6~

alle

5

♃

Dichtährige Segge *Carex spicata*

❀ Alle Ähren gleich, ohne größere Lücken beieinanderstehend, Ähren reif igelig, in Blüte noch nicht, Früchte mindestens 5 mm lang.

⤨ →Zittergras-S.; **Pairas S.**← (*C. pairae*, Wälder): unterste Ähre abgerückt, Früchte kleiner; **Igel- = Stern-S.** ↓ (*C. echinata*, u. a. Borstgrasrasen, selten): alles kleiner, Blätter unter 2 mm breit.

🕮 Neben →Behaarter Segge einzige Segge, die in „normalem“ (d. h. weder besonders nassem noch besonders magerem) Grünland wächst.

4

6

4

♃

Hasenpfoten-Segge

Carex leporina

❀ Blütenstand bis 4 cm lang, alle Ähren gleich, reif eiförmig, dicht beieinander.

⤮ An den zur Fruchtreife eiförmigen Ähren gut erkennbar; →andere gleichährige Seggen.

🕮 Oft in mageren, meist feuchten Weiden (Pionier in Trittbereichen) und Magerwiesen/ Magerrasen. Ähren entfernt an Hasenpfoten erinnernd. Besonderheit: vermutlich wird die Pflanze nicht nur durch den Wind, sondern auch durch Insekten bestäubt.

7~

3

3

♃

Zittergras-Segge

Carex brizoides

❀ Stängel kürzer als Blätter, zur Fruchtzeit oft liegend, Ähren alle gleich, auffällig gebogen ←.

⤮ →Dichtährige S.

🕮 Mag tonige, staunasse Böden. Volksname „Seegras“: Früher in Süddeutschland statt der Meerespflanze Seegras (*Zostera marina*) als Matratzenfüllung verwendet. In verbrachten Wiesen und in Wäldern bilden die “Blattteppiche” häufig eine wellige Struktur ↓. Pflanze daher auch als Waldhaar bezeichnet.

6~

4

3

♃

15. Was am Wegesrand sonst noch blüht: Nicht-Wiesenpflanzen in Auswahl

Schöllkraut *Chelidonium majus*

Milder Mauerpfeffer *Sedum sexangulare*

Kleinblütige Königskerze *Verbascum thapsus*

Gew. Nachtkerze *Oenothera biennis agg.*

Raps *Brassica napus*

Gew. Wundklee *Anthyllis vulner.*

Gewöhnl. Leinkraut *Linaria vulgaris*

Huflattich *Tussilago farfara*

Färber-Hundskamille *Anthemis tinctoria*

Schmalblättriges Greiskraut *Senecio inaequidens*

Rainfarn *Tanacetum vulgare*

Kompass-Lattich *Lactuca serriola*

Mauerlattich
Mycelis muralis

Rainkohl
Lapsana communis

Punktierter Gilbweiderich
Lysimachia punctata

Gew. Flügelginster
Genista sagittalis

Kohl-G.
S. oleraceus
Raue G.
S. asper
Acker-Gänsedistel
Sonchus arvensis

Strahlenlose Kamille
Matricaria discoidea

Quendel-Sandkraut
Arenaria serpyllifolia

Weißer u. Gelber Steinklee
Melilotus alba u. officinalis

Pfeilkresse
Cardaria draba

Knoblauchsrauke
Alliaria petiolata

Gew. Seifenkraut
Saponaria officinalis

Geruchlose Kamille *Tripleurospermum inodorum*

Zottiges Franzosenkraut *Galinsoga ciliata*

Kanadisches Berufkraut *Conyza canadensis*

Weiße Taubnessel *Lamium album*

Wald-Weidenröschen *Epilobium angustifolium*

Zottiges Weidenröschen *Epilobium hirsutum*

Breitblättrige Platterbse *Lathyrus latifolius*

Bunte Kronwicke *Coronilla varia*

Rauhaarige Wicke *Vicia hirsuta*

Viersamige Wicke *Vicia tetrasperma*

Rapunzel-Glockenblume *Campanula rapunculus*

Acker-Glockenblume *Campanula rapunculoides*

Stechender Hohlzahn *Galeopsis tetrahit*

Gew. Wirbeldost *Clinopodium vulgare*

Purpurrote Taubnessel *Lamium purpureum*

Gefleckte Taubnessel *Lamium maculatum*

Geißraute *Galega officinalis*

Stinkender Storchschnabel *Geranium robertianum*

Weißer Gänsefuß *Chenopodium album*

Gew. Beifuß *Artemisia vulgaris*

Gew. Natternkopf *Echium vulgare*

Wilde Karde *Dipsacus fullonum*

Große Klette *Arctium lappa*

16. Liste der abgebildeten Wiesenpflanzenarten mit Familienzuordnung

Seltene Pflanzen sind in rot gedruckt und dürfen nicht gepflückt werden. Sehr seltene Pflanzen sind zusätzlich mit einem ⚠ versehen!

[...]: Pflanze mit Vorkommensschwerpunkt in Magerrasen, Nasswiesen oder Bergwiesen

<...>: Pflanze in Wiesen nur randlich oder an Störstellen (z.B. Weidezeiger, Zeiger für ehem. Ackernutzung).

Charakterisierung des jeweiligen Verhaltens einer Pflanze bei Grünlandintensivierung: **geringe**, mäßige und hohe Intensivierungstoleranz der jeweiligen Art sowie Charakterisierung als EINSAATZEIGER (gültig i. d. R. bei zahlreichem Auftreten der betr. Pflanze)

Pflanzenfamilie (nach APG IV-Klassifikat.)	**Pflanzenart**
Equisetaceae (Schachtelhalmgewächse)	1. <*Equisetum arvense* (Acker-Schachtelhalm)>
	2. [***Equisetum palustre*** **(Sumpf-Schachtelhalm)**]
Colchicaceae (Zeitlosengew.)	3. ***Colchicum autumnale*** **(Herbst-Zeitlose)**
Liliaceae (Liliengewächse)	4. ***Gagea lutea*** **(Wald-Goldstern/Gelbstern)**
	5. ***Gagea pratensis*** **(Wiesen-Goldstern/Gelbstern)**
	6. [***Lilium bulbiferum*** **(Feuer-Lilie)**] ⚠
	7. [***Fritillaria meleagris*** **(Schachblume)**] ⚠
Orchidaceae (Orchideen)	8. [***Dactylorhiza majalis*** **(Breitblättriges Knabenkraut)**]
	9. [***Listera ovata*** **(Großes Zweiblatt)**]
	10. ***Neotinea ustulata*** **(Brand-Knabenkraut)** ⚠
	11. ***Orchis morio*** **(Kleines Knabenkraut)**] ⚠
	12. [***Platanthera bifolia*** **(Weiße Waldhyazinthe)**]
Iridaceae (Schwertliliengew.)	13. [*Crocus spec.* (Krokus)]
Amaryllidaceae (Amaryllisgewächse)	14. <*Allium oleraceum* (Gemüse-Lauch)>
	15. [*Allium schoenoprasum* (Schnitt-Lauch)]
	16. <*Allium vineale* (Weinberg-Lauch)>
	17. [***Narcissus poeticus agg.*** **(Weiße Narzisse)**] ⚠
	18. <*Galanthus nivalis* (Schneeglöckchen)>
Asparagaceae (Spargelgewächse)	19. ***Muscari botryoides*** **(Kleine Traubenhyazinthe)** ⚠
	20. <[*Muscari racemosum* (Weinberg-Traubenhyazinthe)]>
	21. <***Ornithogalum umbellatum*** **(Doldiger Milchstern)**>
	22. ***Scilla bifolia*** **(Zweiblättriger Blaustern)** ⚠
Juncaceae (Binsengewächse)	23. [***Juncus acutiflorus*** **(Spitzblütige Binse)**]
	24. <[***Juncus articulatus*** **(Glieder-Binse)**]>
	25. <[***Juncus conglomeratus*** **(Knäuel-Binse)**]>
	26. <[*Juncus effusus* (Flatter-Binse)]>
	27. <[*Juncus inflexus* (Blaugrüne Binse)]>
	28. ***Luzula campestris*** **(Feld-Hainbinse)**
	29. <[*Luzula multiflora* (Vielblütige Hainbinse)]>
Cyperaceae (Sauergrasgewächse)	30. [*Carex acutiformis* (Sumpf-Segge)]
	31. [*Carex brizoides* (Zittergras-Segge)]
	32. [*Carex caryophyllea* (Frühlings-Segge)]
	33. <*Carex distans* (Entferntährige Segge)>
	34. [***Carex flacca*** **(Blaugrüne Segge)**]
	35. *Carex hirta* (Behaarte Segge)
	36. [***Carex leporina*** **(Hasenpfoten-Segge)**]
	37. [***Carex nigra*** **(Wiesen-Segge)**]
	38. ***Carex pallescens*** **(Bleich-Segge)**
	39. [***Carex panicea*** **(Hirse-Segge)**]
	40. <*Carex spicata* (Dichtährige Segge)>
	41. [***Carex flava agg.*** **(Gelb-Segge)**]
	42. [***Carex pilulifera*** **(Pillen-Segge)**]
	43. <[*Carex sylvatica* (Wald-Segge)]>
	44. [***Carex vesicaria*** **(Blasen-Segge)**]
	45. [***Eriophorum angustifolium*** **(Schmalblättriges Wollgras)**]
	46. [***Eriophorum latifolium*** **(Breitblättriges Wollgras)**] ⚠
	47. [*Scirpus sylvaticus* (Wald-Simse)]

Poaceae (Süßgräser)	48. [*Agrostis stolonifera* (Weißes Straußgras)]
	49. **Agrostis tenuis (Rotes Straußgras)**
	50. <[*Alopecurus geniculatus* (Knick-Fuchsschwanz)]>
	51. *Alopecurus pratensis* (Wiesen-Fuchsschwanz)
	52. **Anthoxantum odoratum (Gew. Ruchgras)**
	53. *Arrhenatherum elatius* (Gew. Glatthafer)
	54. [**Briza media (Gew. Zittergras)**]
	55. [**Bromus erectus (Aufrechte Trespe)**]
	56. *Bromus hordeaceus* (Weiche Trespe)
	57. <*Bromus inermis* (Wehrlose Trespe)>
	58. [***Bromus racemosus* (Trauben-Trespe)**] ⚠
	59. <*Bromus sterilis* (Taube Trespe)>
	60. CYNOSURUS CRISTATUS (Wiesen-Kammgras)
	61. *Dactylis glomerata* (Gew. Knaulgras)
	62. [***Danthonia decumbens* (Dreizahn)**] ⚠
	63. [***Deschampsia flexuosa* (Draht-Schmiele)**]
	64. *Deschampsia cespitosa* (Rasen-Schmiele)
	65. *Elymus repens* (Kriech-Quecke)
	66. *FESTUCA ARUNDINACEA* (Rohr-Schwingel)
	67. *Festuca pratensis* (Wiesen-Schwingel)
	68. *Festuca rubra* (Rot-Schwingel)
	69. [***Festuca ovina* agg. (Schaf-Schwingel)**]
	70. ***Helictotrichon pubescens* (Flaumiger Wiesenhafer)**
	71. *Holcus lanatus* (Wolliges Honiggras)
	72. [***Holcus mollis* (Weiches Honiggras)**]
	73. [***Koeleria pyramidata* (Pyramiden-Schillergras)**]
	74. LOLIUM PERENNE (Deutsches Weidelgras)
	75. LOLIUM MULTIFLORUM (Welsches Weidelgras)
	76. [***Molinia caerulea* agg. (Pfeifengras)**]
	77. [***Nardus stricta* (Borstgras)**]
	78. <[*Phalaris arundinacea* (Rohr-Glanzgras)]>
	79. *PHLEUM PRATENSE* (Wiesen-Lieschgras)
	80. <*Poa annua* (Einjähriges Rispengras)>
	81. [***Poa chaixii* (Berg-Rispengras)**] ⚠
	82. *Poa pratensis* (Wiesen-Rispengras)
	83. *Poa trivialis* (Gew. Rispengras)
	84. TRISETUM FLAVESCENS (Wiesen-Goldhafer)
Ranunculaceae (Hahnenfußgewächse)	85. [*Anemone nemorosa* (Busch-Windröschen)]
	86. <*Anemone ranunculoides* (Gelbes Windröschen)>
	87. [***Caltha palustris* (Sumpf-Dotterblume)**]
	88. *Eranthis hyemalis* (Winterling)
	89. *Ficaria verna* (Scharbockskraut)
	90. *Ranunculus acris* (Scharfer Hahnenfuß)
	91. [*Ranunculus aconitifolius* (Eisenhutblättriger Hahnenfuß)] ⚠
	92. ***Ranunculus auricomus* (Gold-Hahnenfuß)**
	93. ***Ranunculus bulbosus* (Knolliger Hahnenfuß)**
	94. [***Ranunculus montanus* (Berg-Hahnenfuß)**] ⚠
	95. *Ranunculus repens* (Kriechender Hahnenfuß)
	96. [*Ranunculus polyanthemos* sp. *nemorosus* (Hain-Hahnenfuß)]
	97. <*Ranunculus sardous* (Rauer Hahnenfuß)>
	98. ***Trollius europaeus* (Trollblume)** ⚠
Saxifragaceae (Steinbrechg.)	99. ***Saxifraga granulata* (Knöllchen-Steinbrech)**
Fabaceae (Schmetterlingsblütler)	100. [***Hippocrepis comosa* (Gew. Hufeisenklee)**]
	101. ***Lathyrus linifolius* (Berg-Platterbse)**
	102. ***Lathyrus pratensis* (Wiesen-Platterbse)**
	103. ***Lotus corniculatus* (Gemeiner Hornklee)**
	104. [***Lotus uliginosus* (Sumpf-Hornklee)**]
	105. ***Medicago lupulina* (Hopfen-Luzerne)**
	106. [MEDICAGO × VARIA (Saat-Luzerne)]
	107. [***Onobrychis viciifolia* (Saat-/Futter-Esparsette)**]
	108. [***Ononis repens* (Kriechende Hauhechel)**]
	109. [***Ononis spinosa* (Dornige Hauhechel)**]
	110. <[***Trifolium campestre* (Feld-Klee)**]>
	111. ***Trifolium dubium* (Kleiner Klee)**
	112. *TRIFOLIUM HYBRIDUM* (Schweden-Klee)
	113. <*Trifolium medium* (Mittlerer Klee)>
	114. [***Trifolium montanum* (Berg-Klee)**]
	115. *TRIFOLIUM PRATENSE* (Rot-Klee)
	116. *TRIFOLIUM REPENS* (Weiss-Klee)
	117. ***Vicia angustifolia* (Schmalblättrige Wicke)**
	118. [***Vicia cracca* (Vogel-Wicke)**]
	119. *Vicia sepium* (Zaun-Wicke)
	120. [***Vicia tenuifolia* (Feinblättrige Wicke)**]

Polygalaceae (Kreuzblümchengew.)	121. [***Polygala amarella*** **(Sumpf-Kreuzblümchen)**]
	122. [***Polygala comosa*** **(Schopfiges Kreuzblümchen)**]
	123. ***Polygala vulgaris*** **(Gew. Kreuzblümchen)**
Rosaceae (Rosengewächse)	124. <[***Agrimonia eupatoria*** **(Kleiner Odermennig)**]>
	125. *Alchemilla vulgaris* agg. (Gew. Frauenmantel)
	126. [***Filipendula ulmaria*** **(Gew. Mädesüß)**]
	127. ***Filipendula vulgaris*** **(Kleines Mädesüß)** ⚠
	128. *Potentilla anserina* (Gänse-Fingerkraut)
	129. [*Potentilla aurea* (Gold-Fingerkraut)] ⚠
	130. [***Potentilla erecta*** **(Blutwurz)**]
	131. [***Potentilla neumanniana*** **(Frühlings-Fingerkraut)**]
	132. *Potentilla reptans* (Kriechendes Fingerkraut)
	133. ***Potentilla sterilis*** **(Erdbeer-Fingerkraut)**
	134. [***Sanguisorba minor*** **(Kleiner Wiesenknopf)**]
	135. *Sanguisorba officinalis* (Großer Wiesenknopf)
Urticaceae (Brennnesselgewächse)	136. <*Urtica dioica* (Große Brennnessel)>
	137. <*Urtica urens* (Kleine Brennnessel)>
Hypericaceae (Johanniskrautgewächse)	138. [***Hypericum maculatum*** **(Geflecktes Johanniskraut)**]
	139. ***Hypericum perforatum*** **(Echtes Johanniskraut)**
Violaceae (Veilchengewächse)	140. [***Viola canina*** **(Hunds-Veilchen)**]
	141. [***Viola hirta*** **(Rauhaariges Veilchen)**]
	142. <*Viola odorata* (Duft-Veilchen)>
	143. [***Viola tricolor*** **(Wildes Stiefmütterchen)**] ⚠
Euphorbiaceae (Wolfsmilchgewächse)	144. [***Euphorbia cyparissias*** **(Zypressen-Wolfsmilch)**]
	145. [***Euphorbia verrucosa*** **(Warzen-Wolfsmilch)**]
Linaceae (Leingewächse)	146. [***Linum catharticum*** **(Wiesen-Lein)**]
Geraniaceae (Storchschnabelgewächse)	147. <*Erodium cicutarium* (Gew. Reiherschnabel)>
	148. [***Geranium palustre*** **(Sumpf-Storchschnabel)**]
	149. *Geranium pratense* (Wiesen-Storchschnabel)
	150. <*Geranium pyrenaicum* (Pyrenäen-Storchschnabel)>
	151. *Geranium sylvaticum* (Wald-Storchschnabel)
Lythracea (Weiderichgew.)	152. [***Lythrum salicaria*** **(Gew. Blutweiderich)**]
Malvaceae (Malvengewächse)	153. *Malva alcea* (Rosen-Malve)
	154. ***Malva moschata*** **(Moschus-Malve)**
Brassicaceae (Kreuzblütler)	155. <*Armoracia rusticana* (Meerrettich)>
	156. <*Barbarea vulgaris* (Gew. Barbarakraut)>
	157. *Bunias orientalis* (Orientalisches Zackenschötchen)
	158. <*Capsella bursa-pastoris* (Hirtentäschel)>
	159. <*Cardamine flexuosa* (Wald-Schaumkraut)>
	160. <*Cardamine hirsuta* (Behaartes Schaumkraut)>
	161. *Cardamine pratensis* (Wiesen-Schaumkraut)
	162. ***Erophila verna*** **(Frühings-Hungerblümchen)**
	163. [*Thlaspi caerulescens* (Gebirgs-Hellerkraut)] ⚠
Santalaceae (Sandelholzgew.)	164. [***Thesium pyrenaicum*** **(Pyrenäen-Leinblatt)**] ⚠
Polygonaceae (Knöterichgewächse)	165. *Bistorta officinalis* (Gewöhnlicher Wiesenknöterich)
	166. *Polygonum amphibium/Persicaria amphibia* (Wasser-Knöterich)
	167. *Rumex acetosa* (Wiesen-Sauerampfer)
	168. [***Rumex acetosella*** **(Kleiner Sauerampfer)**]
	169. *Rumex crispus* (Krauser Ampfer)
	170. *Rumex obtusifolius* (Stumpfblättriger Ampfer)
	171. <*Polygonum aviculare* (Vogel-Knöterich)>
	172. [*Polygonum viviparum* (Knöllchen-Knöterich)] ⚠
Caryophyllaceae (Nelkengewächse)	173. <[*Cerastium arvense* (Acker-Hornkraut)]>
	174. <*Cerastium glutinosum* (Klebriges Hornkraut)>
	175. *Cerastium holosteoides* (Gew. Hornkraut)
	176. <***Dianthus armeria*** **(Raue Nelke)**> ⚠
	177. [***Dianthus carthusianorum*** **(Karthäuser-Nelke)**]
	178. <[***Dianthus deltoides*** **(Heide-Nelke)**]> ⚠
	179. [***Geum rivale*** **(Bach-Nelkenwurz)**]
	180. <*Geum urbanum* (Echte Nelkenwurz)>
	181. [***Silene dioica*** **(Rote Lichtnelke)**]
	182. ***Silene flos-cuculi*** **(Kuckucks-Lichtnelke)**
	183. <*Silene latifolia* (Weiße Lichtnelke)>
	184. [***Silene nutans*** **(Nickendes Leimkraut)**]
	185. [***Silene viscaria*** **(Gew. Pechnelke)**] ⚠
	186. ***Stellaria graminea*** **(Gras-Sternmiere)**
	187. <*Stellaria holostea* (Echte Sternmiere)>
	188. [***Stellaria alsine*** **(Quell-Sternmiere)**]
	189. <*Stellaria media* (Vogelmiere)>

Primulaceae (Primelgewächse)	190. *Lysimachia nummularia* (Pfennigkraut) 191. [***Lysimachia vulgaris*** **(Gew. Gilbweiderich)**] 192. [***Primula elatior*** **(Wald-/Hohe Schlüsselblume)**] 193. ***Primula veris*** **(Wiesen-Schlüsselblume)** 194. ***Primula vulgaris*** **(Stängellose Schlüsselblume)** ⚠
Rubiaceae (Rötegewächse)	195. ‹*Cruciata laevipes* (Gewimpertes Kreuzlabkraut)› 196. *Galium album* (Wiesen-Labkraut) 197. ‹*Galium aparine* (Kletten-Labkraut)› 198. [***Galium harcynicum*** **(Harzer Labkraut)**] 199. [***Galium palustre*** **(Sumpf-Labkraut)**] 200. [***Galium uliginosum*** **(Moor-Labkraut)**] 201. ‹[***Galium verum*** **(Echtes Labkraut)**]›
Boraginaceae (Raublattgewächse)	202. ‹*Myosotis arvensis* (Acker-Vergissmeinnicht)› 203. [*Myosotis scorpioides* agg. (Sumpf-Vergissmeinnicht)] 204. ***Myosotis sylvatica*** **(Wald-Vergissmeinnicht)** 205. [*Symphytum officinale* (Gew. Beinwell)]
Convolvulaceae (Windengewächse)	206. ‹*Calystegia sepium* (Echte Zaunwinde› 207. ‹*Convolvulus arvensis* (Acker-Winde)›
Plantaginaceae (Wegerichgewächse)	208. *Plantago lanceolata* (Spitz-Wegerich) 209. ‹*Plantago major* (Breit-Wegerich)› 210. ‹*Plantago media* (Weide-Wegerich)› 211. *Veronica arvensis* (Feld-Ehrenpreis) 212. *Veronica chamaedrys* (Gamander-Ehrenpreis) 213. *Veronica filiformis* (Faden-Ehrenpreis) 214. ‹*Veronica hederifolia* (Efeu-Ehrenpreis)› 215. ‹*Veronica persica* (Persischer Ehrenpreis)› 216. *Veronica serpyllifolia* (Quendelblättriger Ehrenpreis)
Lamiaceae (Lippenblütler)	217. *Ajuga reptans* (Kriechender Günsel) 218. [***Ajuga genevensis*** **(Heide-Günsel)**] 219. [***Betonica officinalis*** **(Heilziest)**] 220. *Glechoma hederacea* (Efeu-Gundermann) 221. ‹[***Origanum vulgare*** **(Gew. Dost)**]› 222. *Prunella vulgaris* (Gew. Braunelle) 223. [***Prunella grandiflora*** **(Großblütige Braunelle)**] 224. ***Salvia pratensis*** **(Wiesen-Salbei)** 225. [***Stachys palustris*** **(Sumpf-Ziest)**] 226. ‹[***Thymus pulegioides*** **(Gew. Thymian)**]›
Orobanchaceae (Sommerwurzgewächse)	227. ***Euphrasia rostkoviana*** **(Wiesen-Augentrost)** 228. [***Euphrasia stricta*** **(Steifer Augentrost)**] 229. ‹***Odontites vulgaris*** **(Gew. Zahntrost)**› 230. *Orobanche minor* (Kleine Sommerwurz) ⚠ 231. ***Rhinanthus alectorolophus*** **(Zottiger Klappertopf)** 232. [***Rhinanthus glacialis*** **(Begrannter Klappertopf)**] 233. ***Rhinanthus minor*** **(Kleiner Klappertopf)** 234. ***Rhinanthus serotinus*** **(Großer Klappertopf)**
Campanulaceae (Glockenblumengewächse)	235. [***Campanula glomerata*** **(Knäuel-Glockenblume)**] 236. ***Campanula patula*** **(Wiesen-Glockenblume)** 237. ***Campanula rotundifolia*** **(Rundblättrige Glockenblume)** 238. ***Phyteuma nigrum*** **(Schwarze Teufelskralle)** ⚠ 239. [***Phyteuma orbiculare*** **(Kugelige Teufelskralle)**] ⚠ 240. ‹*Phyteuma spicatum* (Ährige Teufelskralle)›
Asteraceae (Korbblütler)	241. *Achillea millefolium* (Gew. Schafgarbe) 242. [***Achillea ptarmica*** **(Sumpf-Schafgarbe)**] 243. ‹*Aegopodium podagraria* (Giersch)› 244. [***Arnica montana*** **(Arnika)**] ⚠ 245. [***Astrantia major*** **(Große Sterndolde)**] ⚠ 246. *Bellis perennis* (Gänseblümchen) 247. ***Centaurea jacea*** **(Wiesen-Flockenblume)** 248. [***Centaurea montana*** **(Berg-Flockenblume)**] ⚠ 249. [***Centaurea nigra*** **(Schwarze Flockenblume)**] ⚠ 250. [***Centaurea pseudophrygia*** **(Perücken-Flockenblume)**] ⚠ 251. [***Centaurea scabiosa*** **(Skabiosen-Flockenblume)**] 252. ‹*Cichorium intybus* (Gew. Wegwarte)› 253. ‹*Cirsium arvense* (Acker-Kratzdistel)› 254. ***Cirsium oleraceum*** **(Kohl-Kratzdistel)** 255. ‹[***Cirsium palustre*** **(Sumpf-Kratzdistel)**]› 256. [***Cirsium rivulare*** **(Bach-Kratzdistel)**] ⚠ 257. ‹*Cirsium vulgare* (Gew.-Kratzdistel)› 258. [*Crepis aurea* (Gold-Pippau)] ⚠ 259. *Crepis biennis* (Wiesen-Pippau) 260. ‹*Crepis capillaris* (Kleiner Pippau)›

Asteraceae (Korbblütler)	261. *Crepis mollis* (Weicher Pippau) ⚠ 262. [*Crepis paludosa* (Sumpf-Pippau)] 263. ‹*Erigeron annuus* (Einjähriges Berufkraut)› 264. [*Hieracium aurantiacum* (Orangerotes Habichtskraut)] 265. ‹*Hieracium cymosum* (Trugdoldiges Habichtskraut)› 266. [***Hieracium lactucella*** **(Öhrchen-Habichtskraut)**] 267. [***Hieracium pilosella*** **(Kleines Habichtskraut)**] 268. ‹*Hieracium piloselloides* (Florentiner Habichtskraut)› 269. *Hypochoeris radicata* (Gew. Ferkelkraut) 270. [[*Meum athamanticum* (Bärwurz)]] ⚠ 271. [*Scorzonera humilis* (Niedrige Schwarzwurzel)] ⚠
Asteraceae (Korbblütler)	272. ***Leontodon hispidus*** **(Rauer Löwenzahn)** 273. ***Leucanthemum vulgare*** **agg. (Wiesen-Margerite)** 274. ‹*Picris hieracioides* (Gew. Bitterkraut)› 275. *Scorzoneroides/Leontodon autumnalis* (Herbst-Löwenzahn) 276. ***Senecio aquaticus*** **(Wasser-Greiskraut)** 277. ***Senecio erucifolius*** **(Raukenblättriges Greiskraut)** 278. ***Senecio jacobaea*** **(Jakobs-Greiskraut)** 279. *Taraxacum* Sect. *Ruderalia* (Gew. Löwenzahn) 280. ***Tragopogon orientalis*** **(Östlicher Wiesen-Bocksbart)** 281. *Tragopogon pratensis* (Wiesen-Bocksbart)
Caprifoliaceae (Geißblattgewächse)	282. ***Knautia arvensis*** **(Acker-Witwenblume)** 283. [***Knautia dipsacifolia*** **(Wald-Witwenblume)**] 284. [***Scabiosa columbaria*** **(Tauben-Skabiose)**] 285. [*Succisa pratensis* (Gew. Teufelsabbiss)] 286. [*Valeriana dioica* (Sumpf-Baldrian)] 287. ‹*Valeriana officinalis* (Echter Baldrian)›
Apiaceae (Doldenblütler)	288. [***Angelica palustris*** **(Wald-Engelwurz)**] 289. *Anthriscus sylvestris* (Wiesen-Kerbel) 290. *Carum carvi* (Wiesen-Kümmel) 291. ***Chaerophyllum aureum*** **(Gold-Kälberkropf)** 292. ‹[***Daucus carota*** **(Wilde Möhre)**]› 293. *Heracleum sphondylium* (Wiesen-Bärenklau) 294. ‹*Pastinaca sativa* (Pastinak)› 295. *Pimpinella major* (Große Bibernelle) 296. [***Pimpinella saxifraga*** **(Kleine Bibernelle)**] 297. *Silaum silaus* (Wiesen-Silau/-Silge)

Der Östliche Wiesen-Bocksbart (*Tragopogon orientalis*) ist eine Charakterart für die Ordnung der Fettwiesen, Fettweiden und Parkrasen (→ S. 145).

17. Pflanzenkundliches Sammelsurium

Warum heißen Pflanzen wie? – Das botanische System

Der schwedische Naturforscher *Carl Nilsson Linnaeus* (1707 bis 1778, geadelt zu „Carl von Linné"), entwickelte in seinem Werk „*Spezies Plantarum*" die heutige wissenschaftliche Ordnung (Taxonomie) und Namensgebung (Nomenklatur) für Pflanzen und später auch für Tiere. Die Namensbezeichnungen hierfür entnahm er meist dem Lateinischen oder Griechischen. Im System von Linnaeus werden Pflanzen mit vielen ähnlichen Gestalts- und Blütenbaumerkmalen einer **Gattung** zugeordnet, z.B. der Gattung *Ranunculus* = →Hahnenfüße. Pflanzen innerhalb einer Gattung, die sich untereinander vermehren können, bilden eine **Art**, z.B. die Art *Ranunculus acris* = →Scharfer Hahnenfuß. So bekommt jede Pflanze einen Doppelnamen. Die wissenschaftlichen Namen beschreiben häufig Eigenschaften und Aussehen der Pflanzen: lat. *Ranunculus* = Fröschlein (wächst gern dort, wo es feucht ist und Frösche gibt, Früchte ähneln Kaulquappen), lat. *acris* = scharf (ist scharf/giftig fürs Vieh).

Neben Linnaeus haben noch viele weitere Menschen Pflanzenarten entdeckt und benannt, und manchmal erhielt so dieselbe Pflanze unterschiedliche Namen. Darum steht in wissenschaftlichen Werken der Eindeutigkeit wegen stets der älteste bekannte Artname, ergänzt um den Nachnamen des Erstbeschreibers, im Falle von Linnaeus abgekürzt als „L.".

Ähnliche Gattungen werden zu **Familien** zusammengefasst (z.B. Hahnenfüße, Dotterblumen, Anemonen und andere zur Familie Ranunculaceae = Hahnenfußgewächse), ähnliche Familien zu Unterordnungen und **Ordnungen**. Ähnliche Ordnungen ergeben Unterklassen, dann **Klassen**, Unterabteilungen, **Abteilungen**. Die Abteilungen bilden auf der obersten Stufe das **Reich der Pflanzen**. Zusammen mit weiteren vier Reichen, nämlich dem der Tiere, der Pilze, der Einzeller und Schleimpilze, der Bakterien und Blaualgen (und je nach Ansicht auch der Viren), sind damit alle Lebewesen auf der Erde in einem System geordnet. Heutzutage wird zur Einordnung statt der äußeren Merkmale zunehmend der Grad der Übereinstimmung im genetischen Code herangezogen.

Das große Verdienst des englischen Naturforschers *Charles Robert Darwin* (1809 bis 1882) ist die Erkenntnis, dass die Ähnlichkeiten unter den Arten, Gattungen usw. darauf zurückzuführen sind, dass die Lebewesen im Laufe von Jahrmillionen aus gemeinsamen Vorfahren entstanden sind. In seinem Buch „*Über die Entstehung der Arten*" beschreibt Darwin seine im Wesentlichen bis heute gültige **Evolutionstheorie**: Zufällige Erbgutveränderungen (= **Mutationen)** können zu Gestalts- und Funktionsveränderungen bei Individuen, z.B. bei einer einzelnen Pflanze, führen. Nur selten sind diese Veränderungen nützlich. Doch manchmal führen sie dazu, dass sich die Überlebenschance oder die Zahl der Nachkommen erhöht und dann kann sich die betreffende Pflanze gegenüber den anderen ihrer Art mehr und mehr durchsetzen, wird also von der Natur begünstigt (= **Selektion)**. So hat z.B. ein entfernter Vorfahre eines Löwenzahns durch Erbgutveränderung zufällig statt Blütenkelchblättern Haare bekommen. Die Samen konnten mit Hilfe der Haare über weite Strecken fliegen und die Pflanze sich so stark ausbreiten. Ein Nachfahre bekam dann zufällig sehr kurze Blütenstiele mit dem Vorteil, dass viele Blüten auf engstem Raum Platz fanden und so für Blütenbestäuber besser sichtbar waren und auch viele Samen produzieren konnten. Die so entstandenen Pflanzen bilden heute die Familie der Korbblütengewächse (Löwenzähne, Pippau, usw.) mit ihren Blütenköpfen und häufig auch Pusteblumen!

Darwin hat also das Ordnungssystem von Linnaeus zu einem Stammbaum der Arten gemacht. Die ersten Lebewesen auf der Erde waren übrigens Bakterien, die sich vor über 3,8 Milliarden Jahren an heißen Quellen am Meeresboden aufhielten. Aus solchen Formen entstand dann im Laufe der Zeit die gesamte Vielfalt des Lebens auf der Erde.

Was mögen Pflanzen? – Ellenberg-Zeigerwerte

Wie Tiere und Menschen, so haben auch Pflanzen bestimmte Ansprüche, z.B. an die Versorgung mit Nährstoffen und Wasser. Zwar mögen die allermeisten Pflanzen am liebsten einen feuchten, wenig sauren Boden, der gut mit Nährstoffen versorgt ist, wohingegen Trockenheit, Nässe, Säure oder Nährstoffarmut unbeliebt sind. Doch so wie gierige reiche Menschen arme Menschen in Armenviertel abdrängen, so verdrängen wuchskräftige Pflanzen, die Nährstoffe gut verwerten können, die weniger schnell wachsenden Pflanzen. Letzteren fehlt dann das Licht und so können sie meist nur auf nährstoffarmen, trockenen oder nassen Böden wachsen, wo die „gierigen" Pflanzen nicht genug für sich bekommen können.

Der deutsche Botaniker *Heinz Ellenberg* (1913 bis 1997) hat die obigen Erkenntnisse genutzt, um jeder in Mitteleuropa wachsenden Pflanze mehrere neunstufige Werte zuzuordnen, die ihr Verhalten und so ihren Standort charakterisieren. Die wichtigsten drei dieser sog. Ellenberg-Zeigerwerte sind wie folgt definiert (→Zahl bei den Piktogrammen):

Feuchtezahl F

1	zeigt **starke Trockenheit**: immer auf trockenen Böden	Sand-Fingerkraut *Potentilla arenaria*
2	zwischen 1 und 3 stehend	Echte Kugelblume *Globularia punctata*
3	zeigt **Trockenheit**: meist auf trockenen Böden; nicht auf feuchten Böden	→Wiesen-Salbei
4	zwischen 3 und 5 stehend	→Wiesen-Schlüsselblume
5	zeigt **Frische**: meist auf mittelfeuchten Böden; nicht auf nassen oder trockenen	→Weiß-Klee
6	zwischen 5 und 7 stehend	→Wiesen-Platterbse
7	zeigt **Feuchte**: meist auf gut durchfeuchteten, aber nicht nassen Böden	→Trollblume
8	zwischen 7 und 9 stehend	→Echtes Mädesüß
9	zeigt **Nässe**: meist auf oft durchnässten (luftarmen) Böden	→Sumpf-Dotterblume

Reaktionszahl R („Säurezahl")

1	zeigt **starke Säure**: nicht auf wenig sauren Böden	Heidekraut *Calluna vulgaris*
2	zwischen 1 und 3 stehend	→Kleiner Sauerampfer
3	zeigt **Säure**: meist auf sauren Böden, selten auf neutralen Böden	→Flatter-Binse
4	zwischen 3 und 5 stehend	→Gras-Sternmiere
5	zeigt **mäßige Säure**: meist auf mäßig sauren Böden	→Wiesen-Knöterich
6	zwischen 5 und 7 stehend	→Zaun-Wicke
7	zeigt **schwache Säure bis Base**: nicht auf stark sauren Böden	→Wiesen-Glockenblume
8	zwischen 7 und 9 stehend	→Wiesen-Schlüsselblume
9	zeigt **Basen/Kalk**, immer auf kalkreichen Böden	Aufrechter →Ziest *Stachys recta*

Nährstoffzahl N (auch Stickstoffzahl genannt)

1	zeigt **starke Nährstoffarmut**: an sehr nährstoffarmen Standorten	→Gewöhnlicher Thymian
2	zwischen 1 und 3 stehend	→Berg-Platterbse
3	zeigt **Nährstoffarmut**: meist an nährstoffarmen Standorten	→Wiesen-Schlüsselblume
4	zwischen 3 und 5 stehend	→Acker-Witwenblume
5	zeigt **mäßigen Nährstoffreichtum**: meist an mäßig n. Standorten	→Wiesen-Glockenblume
6	zwischen 5 und 7 stehend	→Gänseblümchen
7	zeigt **Nährstoffreichtum**: meist an nährstoffreichen Standorten	→Wiesen-Storchschnabel
8	zeigt **starken Nährstoffreichtum**	→Gewöhnlicher Löwenzahn
9	zeigt **Nährstoffübermaß**: z.B. an Viehlägerplätzen, Dunghaufen	→Große Brennnessel

Säure ist übrigens bei den meisten Pflanzen u.a. deshalb unbeliebt, weil in sehr saurem Boden giftiges Aluminium freigesetzt wird und weil die Stickstoffaufnahme durch andere Nährstoffe behindert wird (positiv geladene sog. Ammoniumionen konkurrieren mit den ebenfalls positiven Metallionen). Stickstoff ist aber nötig, um sog. Aminosäuren und daraus Erbsubstanz zu bilden. Der Gegenspieler von Säure ist Kalk (= Kalziumkarbonat). Dieser neutralisiert Säure und macht den Boden basisch. Bei zu viel Kalk wird aber u.a. das pflanzenwichtige Eisen im Boden unlöslich. Deshalb können auf sauren wie auf kalkreichen Böden nur Spezialisten wachsen und selbst unter ihnen herrschen oft Mangelkrankheiten, die sich als sog. Chlorosen zeigen: die Blätter der Pflanzen färben sich gelblich.

Im Rahmen der **Standortkunde** erfasst man alle Pflanzen an einem Standort, bildet den Mittelwert der jeweiligen Ellenberg-Zeigerwerte und kann so z.B. sagen, dass dort, wo viel →Große Brennnessel, →Stumpfblättriger Ampfer und →Zaun-Winde wachsen, ein Überangebot an Nährstoffen herrscht (im Grünland z.B. durch intensive Düngung). Aber Vorsicht: Pflanzen können nicht lesen. Niemals aus dem Vorkommen einer einzigen Pflanzenart auf die Eigenschaften des Standorts schließen. Immer alle Pflanzenarten erfassen und den Mittelwert des betreffenden Zeigerwerts bilden!

Wen mögen Pflanzen? – Pflanzensoziologie

Die Ellenberg-Zeigerwerte sagen uns auch: An einem Standort treffen diejenigen Pflanzen aufeinander, die die Eigenschaften des Standorts mögen bzw. aushalten können. Es entstehen also standortspezifische **Pflanzengesellschaften**, die von der Pflanzensoziologie beschrieben werden. Diese wurde vom Schweizer *Josias Braun-Blanquet* begründet und in Deutschland insbesondere von *Reinhold Tüxen* und *Erich Oberdorfer* ausgearbeitet. Mittels sogenannter **Vegetationsaufnahmen** können wir das Pflanzenkleid eines Standorts einer Pflanzengesellschaft zuordnen und so auch viel über den Standort erfahren.

Die Pflanzengesellschaften werden ähnlich gegliedert wie beim System der Arten, Gattungen etc. Man teilt ein in **Assoziationen**, wie z.B. die Tal-Glatthaferwiese und die Berg-Glatthaferwiese, die man im **Verband** der Glatthaferwiesen (Hauptgegenstand dieser Fibel) vereint. Zu diesem Verband gehören überwiegend die Pflanzenarten, die mittlere Feuchte- und Nährstoffzeigerwerte besitzen. Ähnliche Verbände gruppiert man zu **Ordnungen**, so die Glatthaferwiesen, die Goldhaferwiesen (= Bergwiesen) und andere zur Ordnung der Fettwiesen und Fettweiden. Ähnliche Ordnungen werden in **Klassen** gefasst, im Beispiel zur Klasse der Mähwiesen- und Weidegesellschaften. Gemeinsames Merkmal dieser Klasse ist unter anderem die jährlich etwa zweimalige Nutzung durch Mahd oder Beweidung. Die nachfolgende Grafik gibt einen Überblick über die pflanzensoziologische Gliederung des mitteleuropäischen, durch Menschen und Nutztiere gestalteten Grünlands.

Durch Menschen und deren Nutztiere gestaltetes Grünland

Klasse Borstgrasrasen und Zwergstrauchheiden
2 Ordnungen mit 7 Verbänden

Klasse Sand- und Felsrasen
3 Ordnungen mit 5 Verbänden

Klasse Kalk-Magerrasen
2 Ordnungen mit 5 Verbänden

Klasse Mähwiesen und Weiden

Ordnung Staudenfluren, Nass- und Riedwiesen

Verbände
1. Nasse Staudenfluren (Filipendulion)
2. Feucht- und Nasswiesen (Calthion)
3. Binsenmoore (Juncion acutiflori)
4. Pfeifengraswiesen (Molinion)
5. Brenndoldenwiesen (Cnidion)

Ordnung Fettwiesen, Fettweiden, Parkrasen

Verbände
1. Glatthaferwiesen (Arrhenatherion)
2. Goldhaferwiesen (Polygono-Trisetion)
3. Alpine Milchkrautweiden (Poion alpinae)
4. Fettweiden und Parkrasen (Cynosurion)

Übrigens werden die Löwenzahnwiesen und die Weidelgraswiesen nicht als eigene Assoziationen geführt, sondern stellen lediglich stark artenverarmte Ausprägungen der Tal-Glatthaferwiesen dar.

Weitere Klassen umfassen die Wälder und andere Gesellschaften. Prinzipiell wird so das gesamte Pflanzenkleid Mitteleuropas erfasst und geordnet.

Die vier **pflanzensoziologischen Einheiten** Assoziation, Verband, Ordnung und Klasse erkennt man u.a. am meist häufigen Vorkommen ihrer **Charakterarten** (= Kennarten), beim Verband der Glatthaferwiesen z.B. an →Glatthafer, →Wiesen-Pippau und →Gewöhnlicher Schafgarbe. Eine Charakterart für die gesamte Ordnung der Fettwiesen und Fettweiden ist der Östliche Wiesen-Bocksbart (siehe Foto), eine Charakterart für die gesamte Klasse der Mähwiesen und Weiden ist z.B. der →Rot-Klee. Zur Abgrenzung der Einheiten gegeneinander dienen die **Trennarten** (= Differentialarten). So kommt die Trennart →Pastinak nur in der Tal-Glatthaferwiese vor, die Trennart →Frauenmantel nur in der Berg-Glatthaferwiese.

Natürlich gibt es auch hier eine wissenschaftliche Benennung: Die Einheiten bekommen den wissenschaftlichen Namen von Charakterarten, ergänzt mit dem Anhängsel „*–ion*" bei Verbänden und „*–etum*" bei Assoziationen. Die Assoziation Tal-Glatthaferwiese heißt dann *Arrhenather****etum*** *elatioris* , der Verband Glatthaferwiesen heißt *Arrhenather****ion*** *elatioris* oder kurz *Arrhenatherion*.

Wer sich mit der Pflanzensoziologie befasst, tut dies mittels **Vegetationsaufnahmen**: Man steckt an einem Standort eine einheitlich ausgebildete Fläche bestimmter Größe ab (bei Wiesen zwischen 5 m^2 und 25 m^2). Dort erfasst man alle Pflanzenarten und schätzt anhand einer neunstufigen Skala nach Braun-Blanquet deren jeweilige Anzahl und den Anteil an der Fläche, den die jeweilige Art abdeckt (= **Deckungsgrad**). So lässt sich die betreffende Pflanzengesellschaft beschreiben und mit anderen vergleichen. Mit Hilfe der Ellenberg-Zeigerwerte lässt sich zudem der Standort charakterisieren (Gestein, Boden, Wasserversorgung, Nährstoffversorgung, Lichtverhältnisse, mittlere Temperatur usw.).

Für Mitteleuropa wurde mittlerweile eine Vielzahl von Informationen über die Pflanzengesellschaften und die in ihnen vorkommenden Arten zusammengetragen, so z.B. in den im Quellenverzeichnis genannten beiden Werken von Erich Oberdorfer (mit Schwerpunkt auf Süddeutschland) oder in „*Die Pflanzengesellschaften Nordwestdeutschlands*" von Reinhold Tüxen. Gut für den Anfänger verständlich ist „*Ökologische Pflanzensoziologie*" von Otti Wilmanns sowie „*Grünlandtypen*" von Peter Sturm und anderen. Wer an einer umfangreichen Betrachtung der ökologischen Zusammenhänge rund um die Vegetationsdecke und die Pflanzengesellschaften interessiert ist, dem sei das hochspannende Werk „*Vegetation Mitteleuropas mit den Alpen*" von Heinz Ellenberg empfohlen. Man muss sich dessen Inhalte zwar erarbeiten, aber man lernt dabei sehr viel Faszinierendes.

18. Das neue Insektensterben: Beobachtungen

Der eigentliche Kollaps der Fluginsektenpopulation passierte, exemplarisch rückgeschlossen aus Beobachtungen des Autors, die mehrheitlich im Ostalbkreis in Baden-Württemberg erfolgt sind, in den letzten 10 bis 15 Jahren. Hier eine Zusammenstellung von zwischen 2001 und ca. 2005 überwiegend am Westrand der Stadt Aalen* regelmäßig und häufig beobachtbaren Insektenphänomenen, die allesamt spätestens seit etwa dem Jahr 2015 selten oder gar nicht mehr auftreten (**fett** die besonders drastischen Fälle):

Bis ca. 2005 regelmäßig und häufig beobachtbares Phänomen, das seit ca. 2015 nur noch selten oder nicht mehr auftritt:	Zeitraum
Sichtung von Zitronenfalter (*Gonepteryx rhamni*), Kleinem Fuchs (*Aglais urticae*), Tagpfauenauge (*Aglais io*) an sonnigen und windarmen Tagen im Abstand von höchstens wenigen Minuten (Siedlungen, Offenland, Waldlichtungen).	Vorfrühling
Zahlreiche Märzfliegen (Haarmücke *Bibio marci*) in und über Wiesen und Rasen.	Frühling
Flug des Nagelflecks (Schmetterling *Aglia tau*) zum Laubaustrieb im Buchenwald.	April bis Mai
Pendelflug des Heidekraut-Wurzelbohrers (*Phymatopus hecta*) in der Abenddämmerung an Waldwegrändern.	Mai
Balzflug der Langhornmotten (Familie Adelidae) an Waldrändern.	Mai
Pendelflug der Geistermotte (*Hepialus humili*) in der Dämmerung in der Feldflur.	Juni/Juli
Glühwürmchen (Leuchtkäfer *Lamprohiza splendidula*) in der Abenddämmerung an Wald- und Gebüschrändern.	Ende Juni
In der Luft stehende Schwebfliegen (Familie Syrphidae) an allen Orten.	Sommerhalbj.
Jagdflug der Gemeinen Waldschwebfliege (*Vollucella pellucens*) im Wald (insbesondere in Lichtkegeln).	Sommerhalbjahr
In der Abenddämmerung jagende Fledermäuse.	Sommerhalbj.
Auf blühender Wiese an sonnigen Tagen Sichtung von zahlreichen fliegenden und sitzenden Insekten im Bereich beliebiger betrachteter Stellen.	Mitte Mai bis Anfang Juni
Insektenfang mit einem den trockenen Wiesenblühhorizont streifenden Insektennetz: bereits nach zehn Sekunden Fang zahlreicher Individuen und Arten.	Mitte Mai bis Anfang Juni
Beim Liegen in der blühenden Wiese ist fast ständiges Summen zu hören.	Mai bis Juni
Bei Überlandfahrt an sonnigen windarmen Tagen Sichtung von straßennah fliegenden Schmetterlingen im Abstand von wenigen Minuten.	Sommerhalbjahr
Bei halbstündiger Autofahrt mehrere tote Insekten an der Windschutzscheibe.	Sommer
Bei Dunkelheit und geöffnetem Fenster fliegen zahlreiche Stechmücken, Nachtfalter, Wanzen und andere Insekten in beleuchtete Räume.	Sommer
Flug der Goldenen Acht (*Colias hyale*) in Wiesen.	Spätsommer
Eichenschrecke (*Meconema thalassinum*) & Florfliege (*Chrysoperla carnea*) im Haus.	Herbst
Stehende Wintermückenschwärme (Trichoceridae), insbes. in Lichtkegeln.	Winterhalbj.

* Im genannten Zeitraum wurde der Grünlandetrieb des dort hauptbewirtschaftenden Landwirts auf biologische Produktion umgestellt.

Das neue Insektensterben: Eine Plausibilitätsanalyse

Hier kann keine wissenschaftliche Untersuchung erfolgen. Einige wesentliche Ursachen können aber mittels der Beobachtungsanalyse und weiterer kausaler Rückschlüsse relativ einfach erkannt bzw. eingegrenzt werden, wenn hier auch nur in Kurzform.

Beobachtungen, die so einfach und eindeutig erfolgen, wie die zuvor geschilderten, setzen einen Rückgang der betreffenden Fluginsektenpopulationen um **mindestens** ca. drei Viertel voraus (siehe Abbildung). Ein Rückgang um 75 % innerhalb von 10 Jahren bedeutet dann einen durchschnittlichen jährlichen Schwund um 13 % ! ($0{,}25 \approx (1-0{,}13)^{10}$)

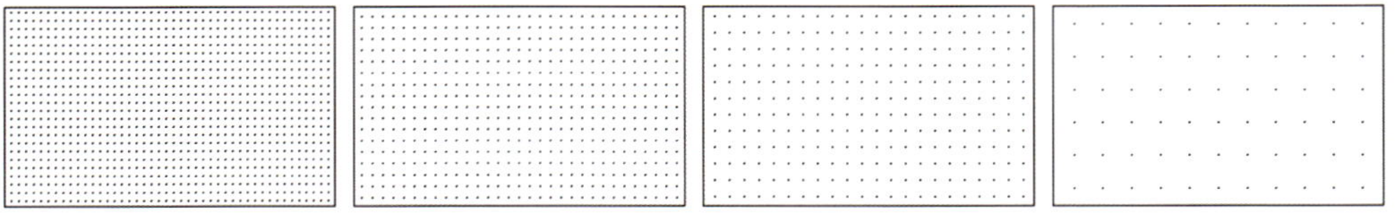

100 % = 1 | 50 % = 1/2 | 25 % = 1/4 | 6,25 % = 1/16

Die Punkte in den Rechtecken symbolisieren wahlweise Wacholderbüsche auf einer Heide, Wiesenschmetterlinge oder tote Insekten an der Windschutzscheibe. Wenn sich die Zahl der Punkte über einen Zeitraum von mehreren Jahren vom linken zum rechten Zustand entwickelt, d. h. man hat nie einen direkten Vergleich, sondern den früheren Zustand lediglich in Erinnerung, so ist eine drastische Abnahme erforderlich, um den Rückgang zweifelsfrei zu bemerken. (Lassen Sie unvorbereitet jemanden drei der vier Rechtecke zuhalten und versuchen Sie dann, das Bild korrekt zu benennen.)

Die meisten Insekten unterliegen bereits von Natur aus einer sehr hohen Sterblichkeit durch Fressfeinde, Pilzbefall etc. und gleichen dies durch entsprechend hohe Reproduktionsraten aus. Daher sind für Bestandsreduzierungen in der o. g. Größenordnung sehr erhebliche zusätzliche Tötungsmechanismen erforderlich. Die Klimaveränderung scheidet hier als Erklärung aus: die Arealverschiebung nach Norden bei unseren wärme- und trockenheitsfliehenden Arten geht mit einer Arealausdehnung nach Norden bei den südeuropäischen wärmeliebenden Arten einher. Die seit 2015 mit atemberaubender Geschwindigkeit stattfindende Ausbreitung des zuvor nur in sehr wenigen Wärmegebieten in Deutschland vorkommenden Trauer-Rosenkäfers (→ S. 23) über fast das gesamte Bundesgebiet (Grafik ↙) zeigt dies exemplarisch auf.

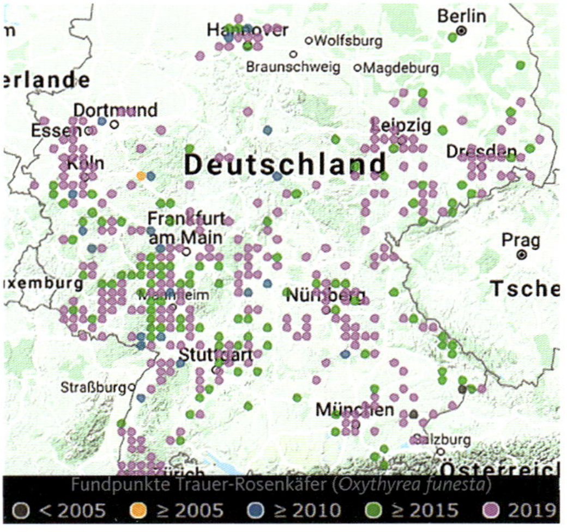

Da die Insektenvielfalt in Südeuropa größer ist als bei uns, führt das wärmere Klima für sich genommen folglich sogar zur Erhöhung der Artenvielfalt und der Individuenzahl bei uns (wenn auch sicher seltene und wenig mobile Arten aussterben werden). **Die Klimaveränderung ist also (bei Betrachtung der Gesamtbiomasse der Fluginsekten) keine Ursache für das Insektensterben!** Ein weiterer Klimaprofiteur ist die Feld-Grille (*Gryllus campestris*), die Erdlöcher im Grünland bewohnt. Sie nimmt derzeit u. a. dank hitzebedingter Grasnarbenlücken zu. Da sie nicht fliegt und sich in Löchern schützt, unterliegt sie nicht den Gefahren für die Fluginsekten!

Weiter sei darauf hingewiesen, dass keinesfalls eine unterstellte, größere Aerodynamik von Windschutzscheiben das Insektensterben nur vorgaukelt. Wer Solches glaubt, der möge mit dem Automobil zum Beispiel nach Osteuropa fahren, wo es noch viele Insekten gibt, und wird bereits kurz nach dem Grenzübertritt eines Besseren belehrt werden!

Gemäß Vorbetrachtung kommen nur seit etwa dem Jahr 2000 auftretende Veränderungen in der Landschaft als wesentliche Ursachen für den beobachteten Kollaps der Fluginsektenpopulation in Frage. Betrachten wir also die erkennbaren Veränderungen in diesem Zeitraum (Ostalbkreis, ohne Anspruch auf Vollständigkeit), getrennt nach Lebensräumen:

Äcker

- Herbizideinsatz: Um 2005 (exemplarisch) meist noch Vogel-Knöterich und Acker-Stiefmütterchen im Acker, heute z.T. völlig vegetationsfreier Untergrund.
- Horizont der Getreidefelder heute überwiegend völlig wildkrautfrei.
- Zunahme des Maisanbaus dank des Biogasbooms.
- **U.a. damit verbunden, Neonicotinoideinsatz zum Pflanzenschutz** (Insekten werden durch die Nutzpflanze vergiftet und Stoffe reichern sich im Boden an).
- **Sukzessive Auswirkungen des Fehlens von Stilllegungsflächen.**
- Wegfall von Randlinien und Drainage in Folge von Flurbereinigung.

Grünland:

- **Wiederkehrende (Weidel-) Graseinsaat in den Bestand in der Mehrzahl der Grünlandparzellen** (im Ostalbkreis vermehrt seit 2000, in Norddeutschland schon länger).
- Fortgesetzte Drainage von Nassstellen.
- Wegfall von Randlinien und Sonderstandorten in Folge von Flurbereinigung.
- Häufigerer Schnitt und früherer Erstschnitt (April), Düngung mit Biogas-Gärresten.
- **Höherer Schnitt (7 cm bis 8 cm).**
- Erhöhung der Mähgeschwindigkeit.
- **Verwendung von Mähaufbereitern (quetschen Mähgut).**
- **Mähgutaufnahme vermehrt mit Feldhäcksler inkl. Saugtechnik.**

Wald:

- **Zunehmende Lichtstellung durch Verdoppelung des Hiebsatzes** (zzgl. Sturmholz).
- Fortgesetzte Erschließung mit Wegen und so teilweise auch Trockenlegung.
- **Absterben vieler Fichtenbestände.**

Siedlungen, Gärten, Straßen:

- Zunahme der Siedlungsfläche.
- Damit verbunden Zunahme der Lichtverschmutzung.
- Zunahme der Verkehrsfläche und insbesondere der Straßenlänge und der damit verbundenen Zerschneidung.
- Damit verbunden Zunahme der Tötungsgefahr u.a. für Fluginsekten.
- **Zunahme von englischen Rasen und ausgesteinten Flächen, Wegfall von Hecken.**
- **Zunahme von Mähroboter-Vielschnittrasen.** Zunahme von Laubbläsern.
- Vermutlich Zunahme des Pestizideinsatzes im Garten und in Pflasterritzen.

Die in der obigen Liste genannten Ursachen besitzen zweifelsfrei jeweils einen Anteil am Rückgang der Anzahl und Masse der Fluginsekten, welcher ja bereits seit vielen Jahrzehnten stattfindet und spätestens seit den 70er-Jahren eindeutig bemerkt wird. Ausnehmen müssen wir allerdings das Absterben der Fichte (fördert Destruenten und andere) und die Lichtstellung der Wälder durch Hieb (Abnahme typischer Waldarten, dafür aber Förderung lichtliebender Arten). Bei den übrigen beschreiben nur die fett gedruckten Ursachen Veränderungen, die nicht bereits seit Jahrzehnten schleichend voranschreiten, sondern die in Südwestdeutschland grob erst ab der Jahrtausendwende vergleichsweise sprunghaft zugenommen haben oder neu eingeführt wurden. Nur diese können also unter den genannten Rückgangsursachen hauptverantwortlich für den beobachteten Populationskollaps, dem **neuen Insektensterben**, sein. Da die hierunter genannte Zunahme von englischen Rasen und der Einsatz von Mährobotern nur auf deutlich weniger als 1 % der Offenlandfläche stattfindet und keine Fernwirkung besitzt, ist sie allerdings ebenfalls von untergeordneter Bedeutung (obwohl durchaus symptomatisch für die Gesamtentwicklung).

Nun stellen wir noch in Rechnung, dass aktuell sogar bei großzügigem Blütenangebot auf Blumenwiesen oder den seit 2015 neu eingeführten Greeningflächen auf Äckern kaum Fluginsektenleben zu beobachten ist. Damit kommt im Rahmen der hier durchgeführten Analyse den **Neonicotinoiden** mit ihrem lang anhaltenden Tötungseffekt sowie dem Mähaufbereiter- und **Feldhäcksler**einsatz in der Wiesenbewirtschaftung (→S. 27) als zwar kurzzeitige, aber hochletale Störung (erneute starke Reduktion der durch die rotierenden Messer der Kreiselmähwerke bereits stark reduzierten Insektenrestpopulation) die zentrale Rolle für eine drastisch erhöhte **Insektensterblichkeit** zu. Vermutlich muss der auch in Wäldern beobachtete, drastische Insektenrückgang ebenfalls überwiegend durch „Fernwirkung" aus dem Offenland erklärt werden, obschon auch im Forst mit Insektiziden gearbeitet wird.

Die **(Weidelgras-)Einsaat** im Grünland reduziert die Insektenvielfalt hingegen indirekt durch starke **Reduktion der Pflanzenartenzahl und der Blütenzahl** (noch verstärkt durch den höheren Schnitt der Wiesen, der die Gräser zusätzlich fördert). So verarmt auch das Grünland, welches nach dem Biodiversitätsausfall im Ackerland selbst noch in Zeiten der Gülledüngung den letzten großflächigen Hort der Offenlandbiodiversität darstellte, drastisch. Dem **Wegfall der Stilllegungsflächen** kommt eine wohl vergleichbare Bedeutung zu. Eine bittere zusätzliche Erkenntnis: Im Grünland führt biologische Landwirtschaft häufig zu ähnlichem Schwund der biologischen Vielfalt wie konventionelle Landwirtschaft, weil häufig ebenfalls intensiv gedüngt und auch Weidelgras eingesät wird.

Es steht zu befürchten, dass der drastische Rückgang der Fluginsekten bereits zum vollständigen Verschwinden zahlreicher seltener Arten geführt hat, was wir erst in den kommenden Jahren genauer erfahren werden. Mittel- bis langfristig wird er durch ein Bestäuberdefizit auch zu Verschiebungen in der Pflanzenartenzusammensetzung führen, genauer zu einem Rückgang der Blumen und einer Zunahme der windbestäubten Gräser in den heimischen Lebensräumen.

Um so dringlicher ist ein sehr zeitnahes Gegensteuern. Unterstellen wir, dass wir oben die wichtigsten Ursachen erkannt haben, so stellen ein **vollständiges** Neonicotinoidverbot (geboten wäre eine weltweite Ächtung vergleichbar wirkender Substanzen und nicht nur das seit 2020 gültige Teilverbot mit Ausnahmemöglichkeiten) und eine Abkehr von der Graseinsaat als Allheilmittel, die wirkungsvollsten **Sofortmaßnahmen** dar. Die Wirkung der neu eingeführten Greeningflächen kann durch Optimierung der Pflanzenartenauswahl und durch die Förderung mehrjähriger Bestände noch sehr deutlich verbessert werden. Kluge Ideen (vielleicht schwäbischer Erfindergeist) sind dann noch gefragt, um die Insektentötungsrate von Feldhäcksler und Kreiselmähwerk drastisch zu reduzieren. Und nach diesen Maßnahmen sollten wir auch endlich damit beginnen, das alte, bereits seit den 70ern verheerende Insektensterben zu bekämpfen!

Ergänzung für das Jahr 2021: Zumindest in der Heimat des Verfassers haben die Fluginsekten wieder merklich zugenommen. Sehr wahrscheinlich und wenig überraschend, zeigt das Teilverbot von Neonicotinoiden bereits Wirkung.

19. Bildnachweis und Quellenverzeichnis

Fotos und Abbildungen: Ralf Worm, mit einigen Fotos von Annika Worm,

außer:
Christoph Benisch, Mannheim: Verbreitung des Trauer-Rosenkäfers (S. 148), www.kerbtier.de
Hans-Peter Döler, Irndorf: Roesels Beißschrecke, Rote Keulenschrecke (S. 22)
Dr. Paul Elser, Senden an der Iller: Keweliw-Urwald (S. 26)
Dr. Helmut Haas, Aalen: Öhrchen-Habichtskraut (S. 53), Blüten der Berg-Platterbse (S. 84), Blüten des Duft-Veilchens (S. 99), Feuerlilie (S. 95), Schnitt-Lauch (S. 104), Stängel des Rauen Hahnenfußes (S. 37), Schachblume (S. 79), Acker-Stiefmütterchen und Wildes Stiefmütterchen (S. 99), Blüten des Breitblättrigen Wollgrases (S. 129)
Dr. Gotthard Meinel, Institut für ökologische Raumentwicklung: Siedlungsfläche Dresden (S. 28) www.ioer.de/langzeitmonitoring/homepage.html
Kristian Peters, GNU Free Documentaion License: Dreizahn (S. 113)
Annemarie Radkowitsch, Pforzheim: Kleine Sommerwurz (S. 65), Gebirgs-Hellerkraut (S. 56)
Creative Commons Attribution-Share Alike 4.0 International license: Arne Dorset: Kopf der Niedrigen Schwarzwurzel (S. 54); Robert Flogaus-Faust: Einzelblüte des Behaarten Kälberkropfs (S. 72); Agnieszka Kwiecien: Blüte des Großen Klappertopfs (S. 44); Schmidmair: Großflächenmähkombination NOVOCAT (S. 26)

In Anlehnung an Vorlagen gezeichnet:
Zwillinge

Abstimmung der Artenauswahl mit Hilfe von:
Oberdorfer, E. (Hrsg.) (1983). *Süddeutsche Pflanzengesellschaften Teil III*. Jena: Gustav Fischer

Bestimmungsmerkmale und Bezeichnung der Blütenfarben überwiegend aus:
Jäger, E., Werner, K. (Hrsg.) (2005). *Exkursionsflora von Deutschland*. München: Spektrum

Wissenswertes unter den Rubriken 🕮 überwiegend aus:
Düll, R. & Kutzelnigg, H. (1992). *Taschenlexikon der Pflanzen Deutschlands*. Heidelberg-Wiesbaden: Quelle und Meyer
Aichele, D. (1979). *Was blüht denn da?*. Stuttgart: Kosmos
Klapp, E. & von Boberfeld, W. O. (1990). *Taschenbuch der Gräser*. Berlin: Parey
Oberdorfer, E. (1990). *Exkursionsflora*. Stuttgart: Ulmer

Zeigerwertpiktogramme für Feuchte, Reaktion (Säuregrad) und Nährstoff abgeleitet nach Ellenberg et al. (1992). *Zeigerwerte von Pflanzen in Mitteleuropa*. Göttingen: Goltze, jeweils die Stufen 1-3, 4-6 und 7-9 zusammengefasst.

Der Dank des Autors gilt dem Hausrind nebst seinen Haltern. Es hat tatsächlich bis zum heutigen Tage die Landschaft mehr geprägt als das Automobil.

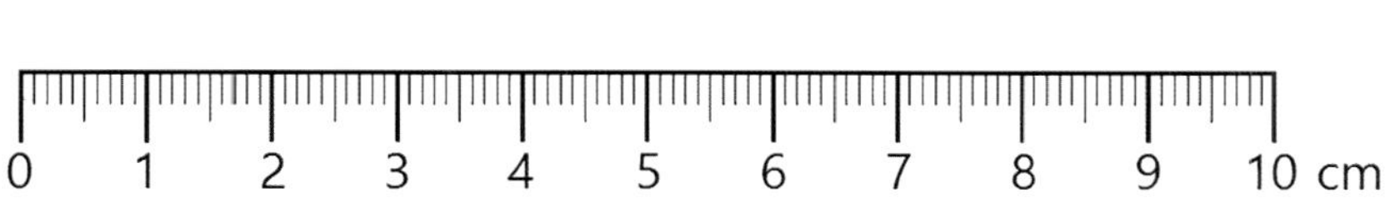

20. Verzeichnis der Pflanzengattungen